スマートマテリアル産業利用技術

形状記憶材料の変態・塑性挙動のシミュレーション

佐久間 俊雄

鈴木 章彦

池田 忠繁

村澤 剛

NTS

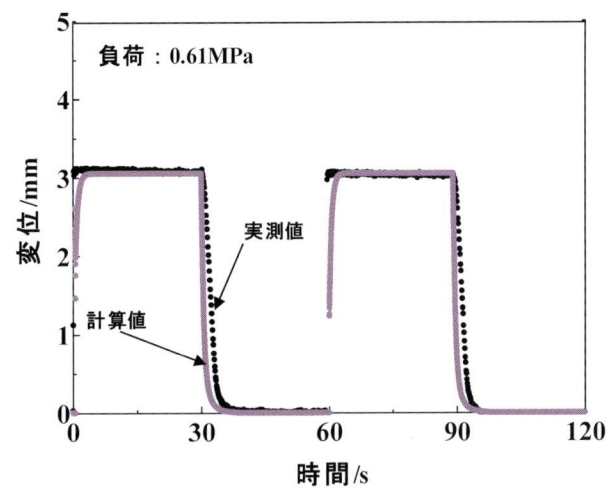

P.50　図 2-29　位置制御におけるシミュレーション結果と実測値

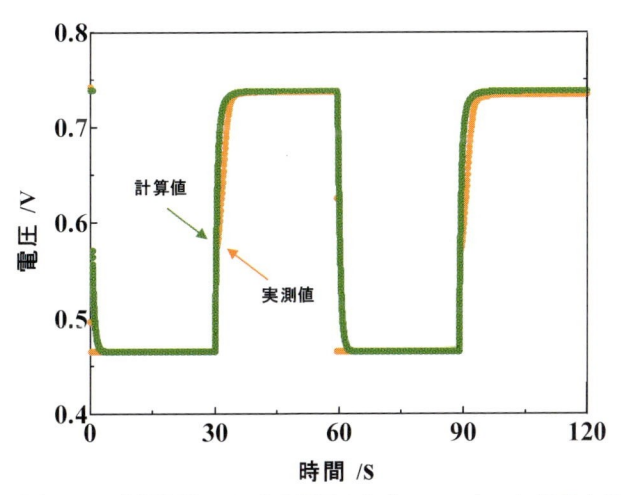

P.51　図 2-30　位置制御における電圧のシミュレーション結果と実測値

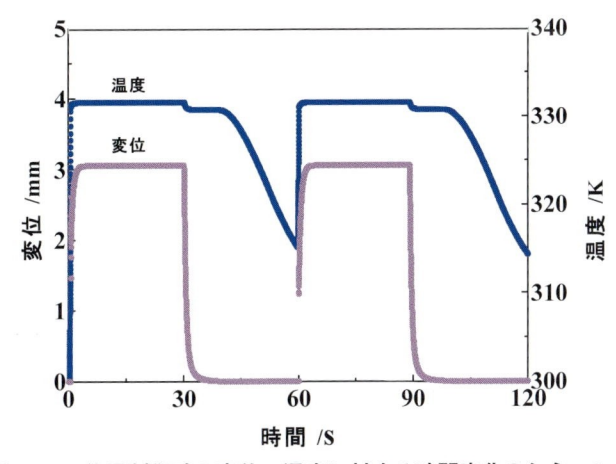

P.51　図 2-31　位置制御時の変位，温度に対する時間変化のシミュレーション

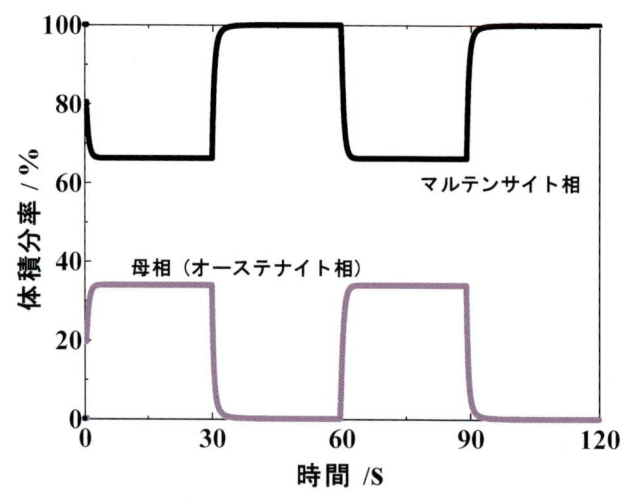

P.53 図2-33 各相の体積分率の時間変化

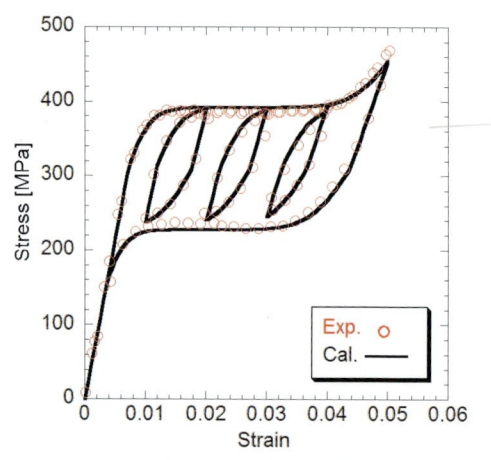

P.89 図3-8 モデルの妥当性検証（内部小ループ）
（a）応力−ひずみ線図

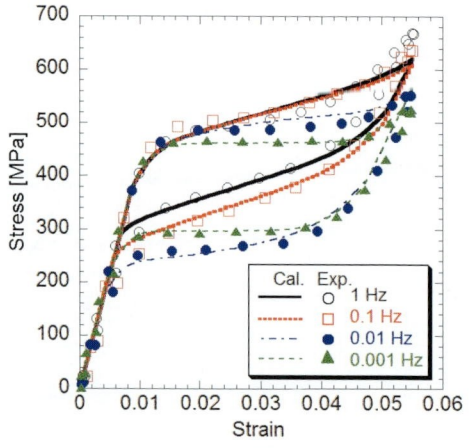

P.90 図3-9 モデルの妥当性検証（負荷周波数の影響）
（a）各負荷周波数に対する応力−ひずみ線図

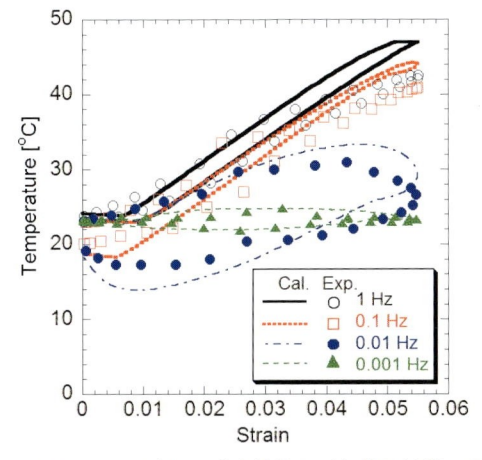

P.90 図 3-9 モデルの妥当性検証（負荷周波数の影響）
（b）各負荷周波数に対する温度－ひずみ線図

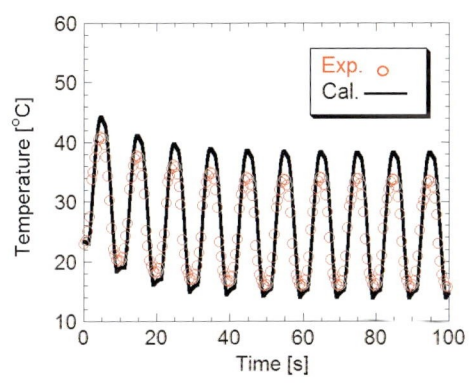

P.90 図 3-9 モデルの妥当性検証（負荷周波数の影響）
（c）負荷周波数 0.1Hz に対する温度変化の様子

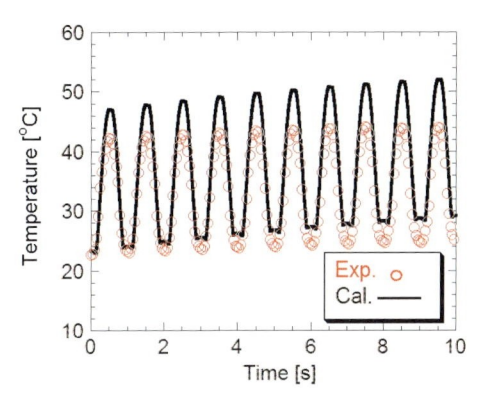

P.90 図 3-9 モデルの妥当性検証（負荷周波数の影響）
（d）負荷周波数 1Hz に対する温度変化の様子

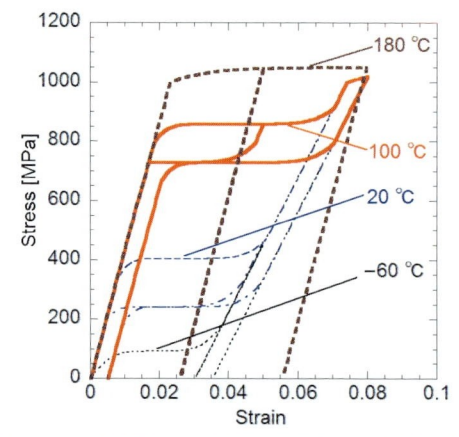

P.92　図 3-10　塑性変形領域を含む SMA の変形挙動の計算例

（a）各温度における応力−ひずみ線図

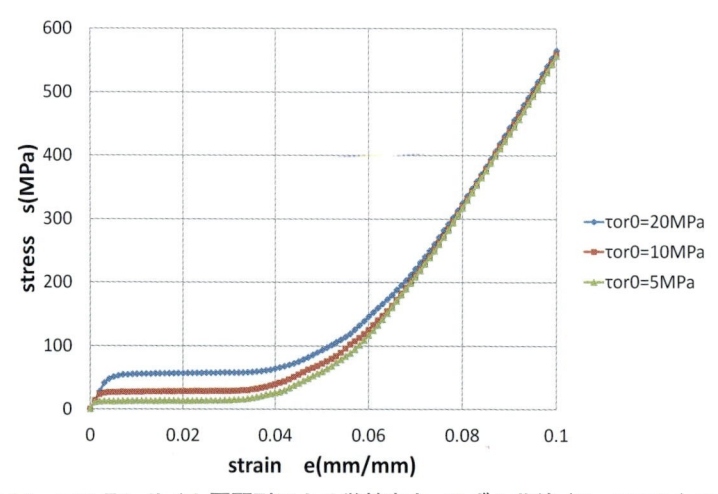

P.134　図 4-10　マルテンサイト再配列による単軸応力−ひずみ曲線（T＝260K（＜M_f）、a_{or}＝0）

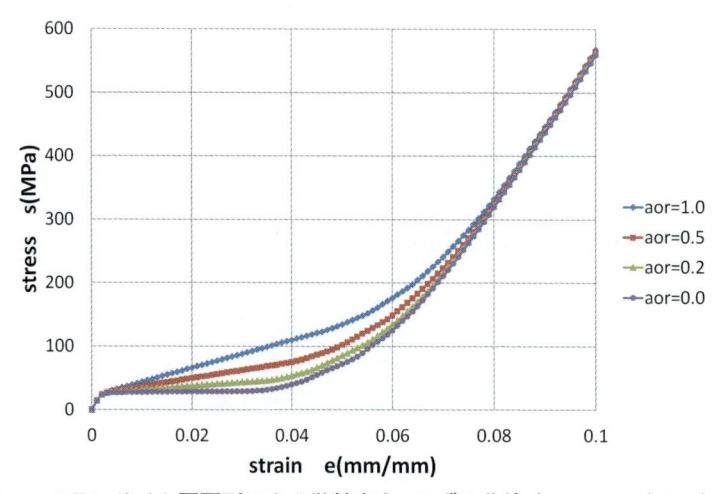

P.135　図 4-11　マルテンサイト再配列による単軸応力−ひずみ曲線（T＝260K（＜M_f）、τ_{or0}＝10MPa）

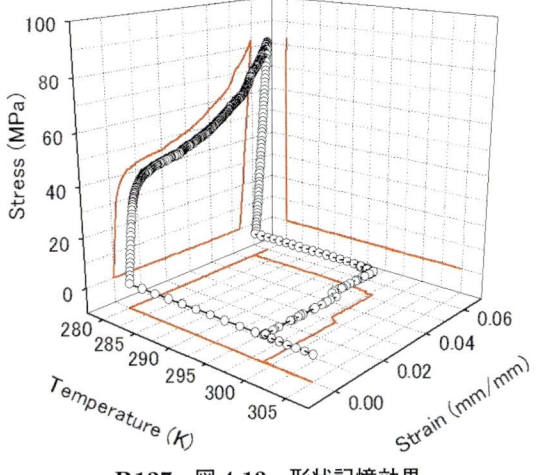

P.137 図 4-13 形状記憶効果

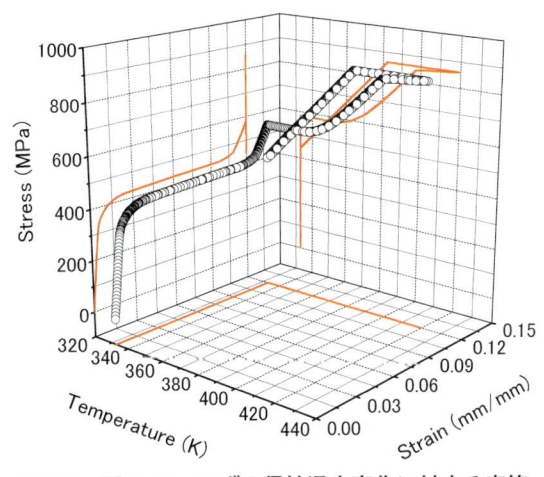

P.139 図 4-15 ひずみ保持温度変化に対する応答

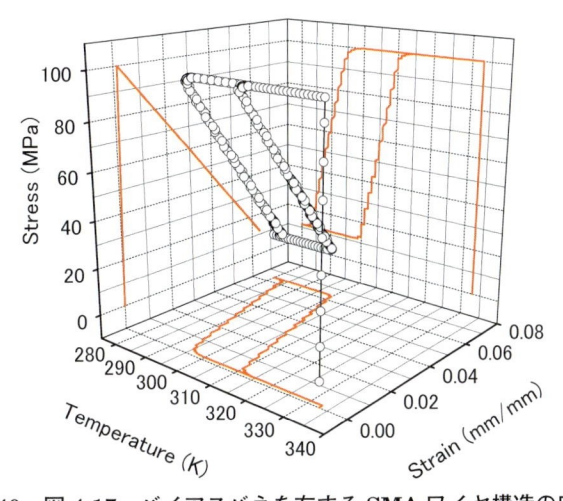

P.140 図 4-17 バイアスバネを有する SMA ワイヤ構造の応答

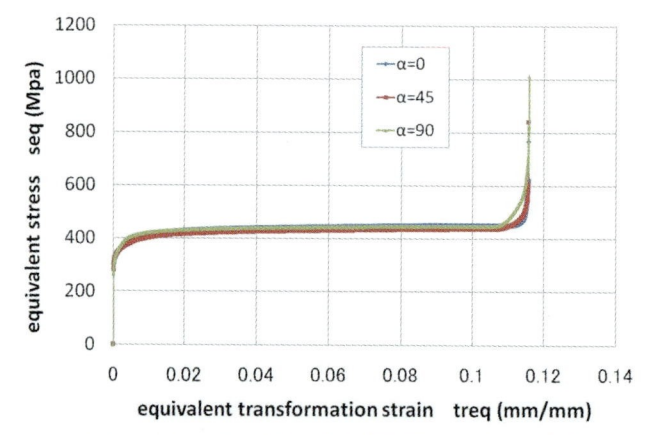

P.144　図 4-23　相当応力と相当変態ひずみの関係

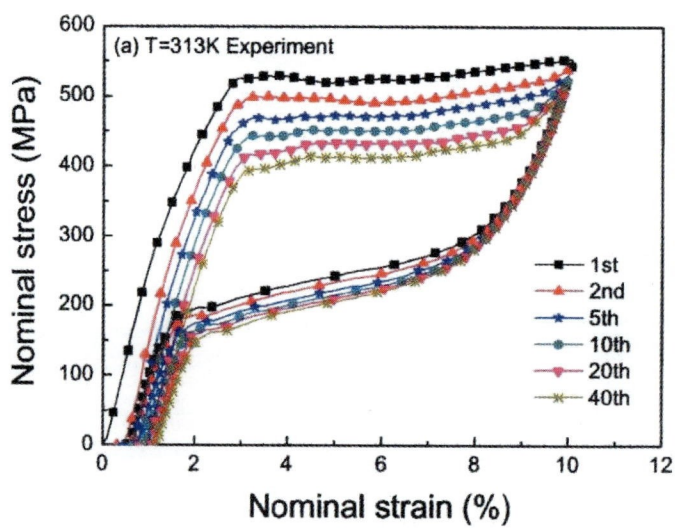

P.154　図 4-31　繰返し応力－ひずみ曲線の実験値

はじめに

　相変態は、機械工学の分野においては、溶解⇔凝固、鋳造、加工熱処理などと密接に関係し、これらの工程における応力およびひずみの変化を規定する現象として重要な役割を果たしている。スマートマテリアル（機能性材料）の代表的な材料の1つである形状記憶合金は、負荷する応力や温度によって相変態を生じ、形状記憶効果や超弾性といった特異な性質が生じる。この特異な性質は負荷⇔除荷あるいは昇温⇔降温することにより繰返し利用できる。しかし、形状記憶効果等を繰返し利用すると、材料内部に生じた損傷により塑性変形、疲労等が生じ、初期の特性が繰返しに伴い変化する。形状記憶合金を利用した分野は医療、ロボット、アクチュエータ、マイクロマシンなどと多岐に亘っており、実用化あるいは実用化への取組みがなされている。

　形状記憶合金を用いた機器の設計・開発では、まず、材料（合金）を選定する必要がある。材料が有する特性は、合金の組成、加工・熱処理等の履歴によって変態・逆変態温度、回復ひずみ、変形応力や回復応力等が異なる。著者らは、これらの諸特性を「形状記憶合金　産業利用技術」（2016　エヌ・ティー・エス）で詳細に紹介した。また同書では、諸特性の調べ方、機器への応用への考え方等についても詳細に紹介してあるので参考になるものと考える。機器の設計では材料の疲労損傷や塑性変形による特性変化を設計段階で見積もる必要が生じる。これらの特性変化は試験によって調べることができるが、多岐にわたる多くの試験を行う必要がある。形状記憶合金に負荷する応力や温度に対し、材料の熱・力学的挙動をシミュレーションする研究や成書などが多数公表されているが、塑性変形等を考慮した特性変化や変形挙動をシミュレーションできる成書はほとんどないのが現状である。

　このために本書では、

・変形・変態挙動を解析する内部状態変数型の構成式について国内外で発表・提案されている現状の構成式を紹介し、さらに、増分型構成式の適用方法について述べるとともに構成式の有限要素法への適用方法について説明している。

・形状記憶合金を用いた機器は、変形・変態を繰返し使用することが基本となる。繰返しに伴い材料は塑性変形等によりダメージを受け、変態・逆変態温度、変形・回復挙動が変化することに注目し、単軸構成式を用いて位置決め制御システムに対するシミュレーションを行い、試験結果に対する解析結果の精度を比較検証した結果を紹介している。また、構成式中に現れる材料パラメータの求め方についても言及している。

・形状記憶合金の設計や加工において考慮すべき相変態や塑性変形を記述する構成式を、熱力学関係式等を用いて1次元（単軸）の構成式を紹介している。とくに、形状

記憶効果や超弾性の発生機構の説明や観測結果を精度よく再現できる1次元相変態モデルを紹介している。また、材料パラメータや環境条件が形状記憶合金の変形挙動に与える影響を解析的に調べる方法を紹介している。

・アコモデーション（材料が負荷を受けて変態が生じるときには、変態によって生じる内部応力場を最小にするように、それぞれの変態システムが活動するプロセス）モデルの数学的記述および解析例を紹介し、温度および応力誘起変態挙動における変態、逆変態、マルテンサイト再配列の記述ができることを紹介している。また、結晶のスリップシステムを導入し、すべりを考慮することにより形状記憶合金の塑性変形挙動を記述できることを紹介している。変態と塑性変形が共存する場合には変態ひずみとすべりひずみの方位が異なるため、これらの相互作用および変態が生じるときオーステナイト相とマルテンサイト相の境界に局所的な応力集中が生じ、塑性変形が誘起される（変態誘起塑性）などを考慮する必要があるが、紹介するアコモデーションモデルでは応力集中場を考慮するようには構成されていない。その代わり、その効果を現象論的に表示するパラメータを導入し、パラメータ値をチューニングすることにより、変態誘起塑性の効果も表現できることを紹介している。

　本書は、形状記憶合金を使用してアクチュエータやセンサ機器等の開発に興味がある読者に対して、より優れた書籍を読者に提供することを目的としている。

　対象とする読者としては、形状記憶材料（合金）を用いたアクチュエータやセンサ機器等の開発に興味がある設計・製作技術者、大学や公的研究機関等の教育・研究に携わる材料系、機械系、電機系の研究者、教員、大学院生を想定している。

　本書の必要性は研究者、設計・製作技術者等にとって極めて高いと判断される。

2018 年 11 月

執筆者一同

佐久間俊雄

鈴木章彦

池田忠繁

村澤　剛

著者紹介

第1章

村澤　剛　GO MURASAWA
山形大学 工学部システム工学科　准教授

静岡大学大学院

Karlsruhe Institute of Technology　JSPS 特定国派遣研究者

専門分野　機械材料・材料力学

第2章

佐久間　俊雄　TOSHIO SAKUMA
元 大分大学工学部福祉環境工学科　教授

東京工業大学大学院

財団法人 電気中央研究所

大分大学工学部　教授

専門分野　熱工学・材料科学・セラミックス

第3章

池田　忠繁　TADASHIGE IKEDA
中部大学工学部宇宙航空理工学科　教授

名古屋大学大学院

通商産業省工業技術院機械技術研究所

名古屋大学大学院工学研究院　准教授

専門分野　宇宙航空機構造・スマート材料・構造システム

第4章

鈴木　章彦　AKIHIKO SUZUKI
株式会社ベストマテリア

東京大学大学院

石川島播磨重工業株式会社技術研究所

埼玉大学大学院　教授

大分大学客員教授

専門分野　材料力学・計算力学・セラミックス強度評価

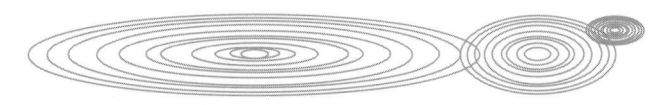

目次

第3章　一次元相変態モデル　　　　　　　　　池田　忠繁

第4章　アコモデーションモデルによる変態および変態・塑性相互作用の解析　　　　鈴木　章彦

第1章

形状記憶合金の構成方程式

山形大学　村澤　剛

第1章　形状記憶合金の構成方程式

1.1　はじめに

　固体材料の変形挙動を記述するための構成関係（応力とひずみの関係）は、研究者が注目する構造のスケールに応じて、多種多様な構築が可能である。一般的に、工学の分野では、固体材料の変形挙動を記述するために"連続体力学"が用いられる。そして、この連続体力学は、巨視的・現象論的観点から構成関係が構築されている。本章では、まず、形状記憶合金の応力–ひずみ関係を紹介する。次に、内部状態変数型の構成方程式を紹介するとともに、形状記憶合金の増分型構成方程式への適用方法について述べる。また、有限要素法への適用についても説明する。最終的に、得られた構成方程式を用いて、形状記憶合金の相変態・変形挙動の記述を試みる。

1.2　形状記憶合金の応力–ひずみ線図

1.2.1　破断までの応力–ひずみ線図

　図 1-1 は、単軸引張試験により得られた形状記憶合金ワイヤの応力–ひずみ線図である[1]。他の金属材料と異なり、形状記憶合金は特異な変形挙動を示す。変形挙動は大別し

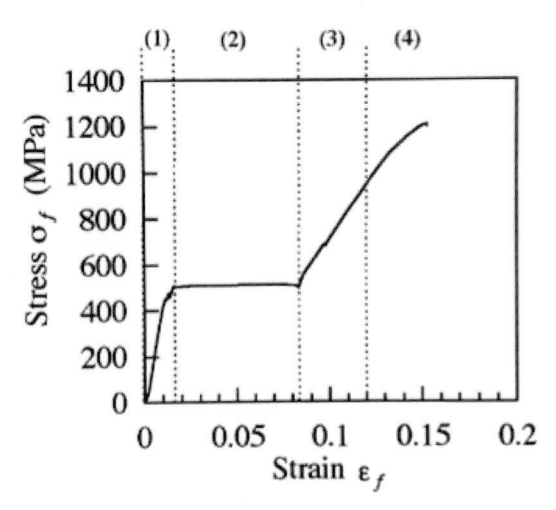

(1) Elastic region (Austenite or Temperature induced martensite)
(2) Stress induced martensite transformation region
(3) Elastic region (Stress induced martensite)
(4) Plastic region

図 1-1　形状記憶合金の破断までの σ–ε 線図

て、（1）オーステナイトもしくは温度誘起マルテンサイトの弾性変形域、（2）応力誘起マルテンサイト変態の変形域、（3）応力誘起マルテンサイトの弾性変形域、（4）塑性変形域となる。（1）の領域から（2）の領域で通常の弾塑性変形と同様な応力－ひずみ線図を示すが、負荷を進行させると再び弾性変形の挙動を示し、その後塑性変形を示す。形状記憶合金の超弾性や形状記憶効果といった特殊機能の発現は、（2）の応力誘起マルテンサイト変態の変形域までに生じ、（3）の応力誘起マルテンサイトの弾性変形域以降ではその機能の効果が低くなる。

1.2.2　温度ごとの応力-ひずみ線図

　形状記憶合金の変形挙動は用いる温度域によって変化する[2)3)]。図 1-2 は、変形挙動が変

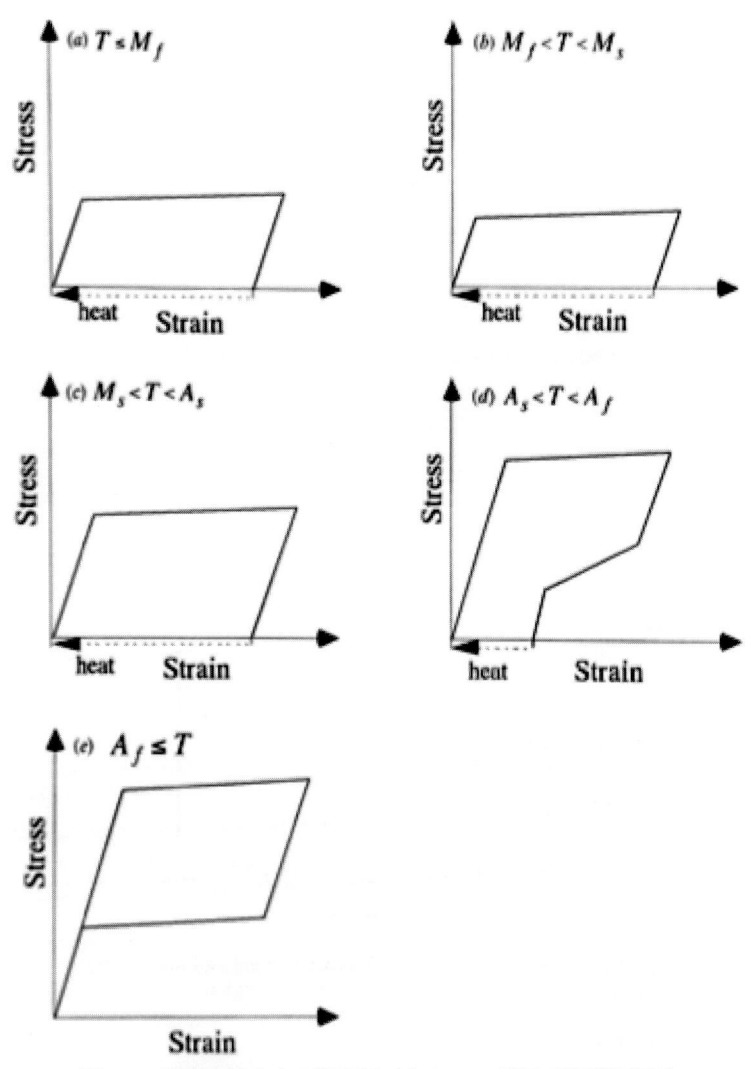

図 1-2　形状記憶合金の温度域ごとの σ-ε 線図（引張除荷下）

化する温度域ごとの応力−ひずみ線図（引張除荷下）の模式図である。これらの図を説明すると、オーステナイト開始温度（A_s）以下での応力−ひずみ関係（図中の（a）（b）（c）（d））は、応力誘起マルテンサイト変態の開始応力が低い。また、応力誘起マルテンサイト変態の変形域で除荷すると、大きな残留ひずみが生じるが、加熱することでこの残留ひずみは消滅する（形状記憶効果）。一方で、オーステナイト開始温度（A_f）以上での応力−ひずみ関係（図中の（e））は、応力誘起マルテンサイト変態の開始応力が高い。また、応力誘起マルテンサイト変態の変形域で除荷すると、加熱しなくても完全に形状が復元する（超弾性効果）。

1.3　形状記憶合金の内部状態変数型構成方程式

1.3.1　形状記憶合金の構成関係の誘導[4)5)]

（1）固体材料の変形挙動の記述について

　固体材料の変形挙動を記述する場合、構築しようとしている理論の構造スケール（連続体＞多結晶体＞単結晶体＞電子・原子）のどのレベルに基づいてどんな物理現象を説明しようとするのか？を最初に考えることが重要である。

　固体材料を連続体として扱い、その変形挙動を記述しようとする連続体力学では、以下の関係が基本となる。

- ・力学的関係
- ・幾何学的関係
- ・構成関係

これらの関係は、弾性学におけるつり合いの式、ひずみ−変位の関係、応力−ひずみの関係に対応する。このなかで、力学的関係と幾何学的関係は固体材料の種類に無関係であり、連続体という範疇では基本的に同一である。一方で、構成関係は固体材料固有の関係であり、これまでにない新しい固体材料の変形挙動を記述する際には、新たな構成関係を考えていかなければならない。

　固体材料の弾性変形を記述する場合、応力とひずみの間に 1 対 1 の関係をつけることができる。一方で、非弾性変形を記述する場合、「物体のたどった変形履歴に応力は依存する（塑性力学）」ために応力とひずみの間には 1 対 1 の関係が成り立たない。したがって、非弾性変形を記述する場合には以下のような方法によって構成関係を導く。

- ・積分型
- ・微分型（速度型）
- ・内部状態変数型＋発展式

積分型には線形粘弾性体の構成方程式、微分型にはフォークトの粘弾性モデル、内部状態変数型には以降で述べる相変態の構成方程式などがある。

（2）内部状態変数

形状記憶合金の形状記憶効果・超弾性効果といった熱・力学的挙動を記述していくために
は、以下に示す理論がよく用いられる。

- ・内部状態変数を用いて現象論的に記述しようとする理論
- ・自由エネルギーを用いて、熱力学的に整った体系を与えた理論
- ・材料の微視的変形・相変態挙動から出発して多結晶体としての形状記憶合金の巨視的
  挙動を説明する理論

相変態現象の構成関係では、相変態を非弾性変形とみなし、ひずみ・温度による項以外
に巨視的に直接観測されるとは限らない新しい変数として内部状態変数を導入する。そし
てこの内部状態変数はその時間変化率が別の構成関係（移項式もしくは発展式と呼ばれる）
で規定される。つまり、内部状態変数は、マクロな量の間の現象論的な関係のみを扱って
いた連続体力学のなかに、ミクロなレベルの現象を反映させうるもっとも手軽な方法で
ある。

相変態現象の場合、この内部状態変数には、各相（オーステナイト、温度誘起マルテン
サイト、応力誘起マルテンサイト）の体積分率を用いることが多い。

（3）形状記憶合金の構成関係の誘導

形状記憶合金の熱・力学的挙動は、熱力学の第一および第二法則に対応するエネルギー
方程式と Clausius-Duhem 不等式のもとで進行する。

$$\rho \dot{U} - \sigma : L^T + \mathrm{div}\, q - \rho r = 0 \tag{1-1}$$

$$\rho \dot{\eta} - \rho \left(r/T \right) + \mathrm{div} \left(q/T \right) \geq 0 \tag{1-2}$$

ここで、ρ は時刻 t＝t における固体材料の密度、U は内部エネルギー密度、σ は Cauchy の
応力テンソル、L は速度勾配テンソル、q は熱流速ベクトル、r は熱発生、η はエントロピー
密度、T は温度である。

Tanaka らによると、形状記憶合金の熱・力学的状態は3つの変数 E、T、ξ によって完
全に規定することができ、Helmholtz の自由エネルギー密度

$$\Phi(E, T, \xi) = U - \eta T \tag{1-3}$$

を導入すると、式（1-2）の Clausius-Duhem 不等式は以下のように書き換えることがで
きる。

$$\left(\Sigma - \rho_0 \frac{\partial \Phi}{\partial E} \right) : \dot{E} - \rho_0 \left(\eta + \rho_0 \frac{\partial \Phi}{\partial T} \right) \dot{T} - \rho_0 \frac{\partial \Phi}{\partial \xi} \dot{\xi} + \frac{Q \cdot Grad\, T}{T} \geq 0 \tag{1-4}$$

ここで、E は Green のひずみテンソル、ξ はマルテンサイト体積率、ρ_0 は時刻 t＝0 におけ

る固体材料の密度である。また、Σ は第二種ピオラ・キルヒホッフの応力テンソル、Q は熱流速ベクトルであり、以下の式であらわされる。

$$\Sigma = \left(\rho_0 \middle/ \rho\right) F^{-1} \cdot \sigma \cdot \left(F^{-1}\right)^T \tag{1-5}$$

$$Q = \left(\rho_0 \middle/ \rho\right) \cdot q \cdot \left(F^{-1}\right)^T \tag{1-6}$$

これらの物理量 Σ と Q は、微小変形の範囲では元の量 σ と q に等しい。また、上式中の F は変形勾配テンソルであり、以下の式で表される。

$$F = \frac{\partial x}{\partial X} \tag{1-7}$$

X は時刻 t＝0 における位置ベクトル、x は時刻 t＝t における位置ベクトルである。

ここで、全て $\dot{E}$ の $\dot{T}$ とに対して式 (1-4) を満たすためには、以下の関係が成り立たなければならない。

$$\Sigma = \rho_0 \frac{\partial \Phi}{\partial E} = \Sigma(E, T, \xi) \tag{1-8}$$

$$\eta = -\frac{\partial \Phi}{\partial T} \tag{1-9}$$

$$A\dot{\xi} - \frac{Q \cdot Grad\, T}{\rho_0 T} \geq 0 \tag{1-10}$$

ここで、

$$A = -\frac{\partial \Phi}{\partial \xi} \tag{1-11}$$

また、上式 (1-8) の全微分は以下の式になる。

$$d\Sigma = \frac{\partial \Sigma}{\partial E} dE + \frac{\partial \Sigma}{\partial T} dT + \frac{\partial \Sigma}{\partial \xi} d\xi \tag{1-12}$$

$$d\Sigma = D(E, T, \xi) dE + \Theta(E, T, \xi) dT + \Omega(E, T, \xi) d\xi \tag{1-13}$$

ここで、

$$D(E, T, \xi) = \rho_0 \frac{\partial^2 \Phi}{\partial E^2} \tag{1-14}$$

$$\Theta(E, T, \xi) = \rho_0 \frac{\partial^2 \Phi}{\partial E \partial \xi} \tag{1-15}$$

$$\Omega(E, T, \xi) = \rho_0 \frac{\partial^2 \Phi}{\partial E \partial T} \tag{1-16}$$

（4）変態カイネティックス

　形状記憶合金の熱・力学的挙動を記述する場合、前述で導出された構成式（式（1-13））以外にマルテンサイト変態の進行を記述する式（発展式）が必要となる。形状記憶合金の場合に用いられる発展式はこれまでにいくつかの提案があるが、単軸引張負荷下での変態カイネティックスとして、Tanaka ら[6]による Koistinen-Marburger、Maggee の式[7]を拡張したものが用いられることが多い。

$$\frac{\dot{\xi}}{1-\xi} = b_M c_M \dot{T} - b_M \dot{\sigma} \geq 0 \tag{1-17}$$

$$-\frac{\dot{\xi}}{\xi} = b_A c_A \dot{T} - b_A \dot{\sigma} \geq 0 \tag{1-18}$$

また、上式を積分することによって熱・力学的変形過程でのマルテンサイト体積率を求めることができる。

$$\xi = 1 - \exp\left[b_M c_M (Ms - T) + b_M \sigma\right] \tag{1-19}$$

$$\xi = \exp\left[b_A c_A (As - T) + b_A \sigma\right] \tag{1-20}$$

ここで、上式中の b_M、c_M、b_A、c_A は形状記憶合金の材料パラメータで、実験から求められる変態線図により決定する。変態線図は、以下の手順で作成することができる。

　まず、温度ごとに単軸引張試験を行い、次に得られた応力−ひずみ線図から温度ごとの応力誘起マルテンサイト変態の開始応力を求める。そして、横軸を温度、縦軸を応力とした図中に、温度ごとの応力誘起マルテンサイト変態の開始応力をプロットする。**図 1-3** は、

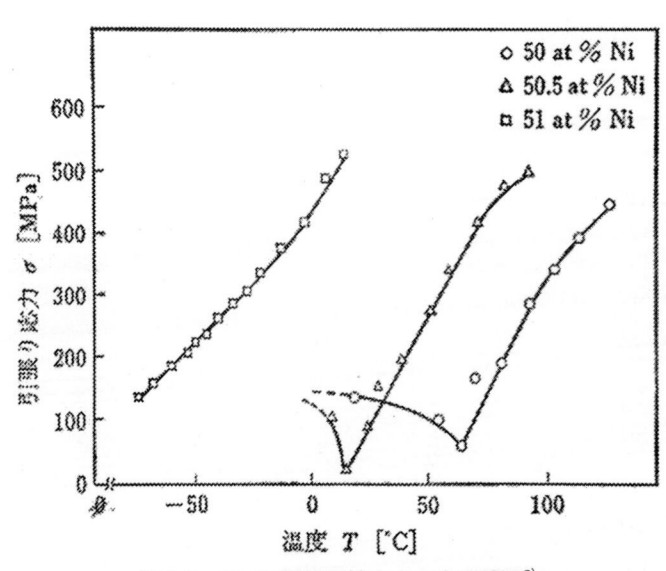

図 1-3　Ni-Ti 形状記憶合金の変態線図[2]

Ni の成分比率を変化させた時の異なる 3 つの Ni-Ti 形状記憶合金の変態線図である。図から読み取れる変態線の勾配や変態域の幅から形状記憶合金の材料パラメータを決定していく。

　図 1-4 は、（a）Ag-Cd 合金と（b）Ni-Ti 合金の変態線図の模式図である。材料が異なると変態線図も大きく異なる。形状記憶合金として一般によく用いられている Ni-Ti 合金に注目すると、前述の Tanaka らの発展式は、形状記憶合金の $T > M_s$ での変形挙動しか記述できないことがわかる。そこで、Brinson[8] は Liang ら[9] の式を全温度範囲に対応する発展式に修正した。以下にその発展式を示す。

$T > M_s$ に対して、

$$\xi^S = \frac{1 - \xi_0^S}{2} \cos\left[\frac{\pi}{\sigma_{Ms}^{\min} - \sigma_{Mf}^{\min}} \left\{ \sigma - \sigma_{Mf}^{\min} - C_M \left(T - T_{eq} \right) \right\} \right] + \frac{1 + \xi_0^S}{2} \tag{1-21}$$

$$\xi^T = \xi_0^T - \frac{\xi_0^T}{1 - \xi_0^S} \left(\xi^S - \xi_0^S \right) \tag{1-22}$$

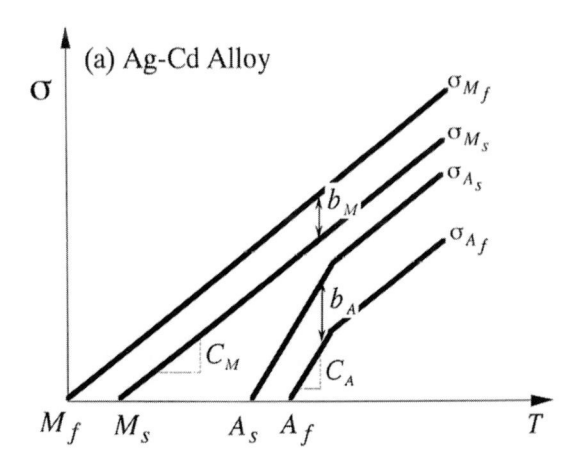

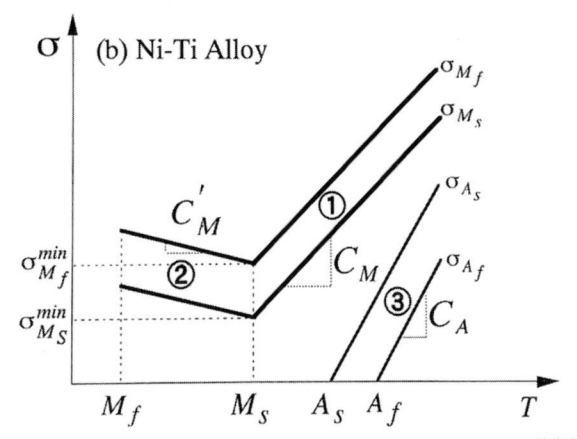

図 1-4　Ag-Cd 合金と Ni-Ti 合金の変態線図の模式図[2)3)5)]

$T < M_s$ に対して、

$$\xi^S = \frac{1-\xi_0^S}{1-2\xi_0^S}\left(\xi^S - \xi_0^S\right)\xi^S = \frac{1-\xi_0^S}{2}\cos\left[\frac{\pi}{\sigma_{Ms}^{\min}-\sigma_{Mf}^{\min}}\left\{\sigma - \sigma_{Mf}^{\min} - C_M'\left(T_{eq}-T\right)\right\}\right] + \frac{1+\xi_0^S}{2} \tag{1-23}$$

$$\xi^T = \xi_0^T - \frac{\xi_0^T}{1-\xi_0^S}\left(\xi^S - \xi_0^S\right) \tag{1-24}$$

(5) 増分型構成方程式への適用

　発展式中の各パラメータは、実験結果に基づいて決定される。ここでは、発展式として M_s 点以下の温度域についても考慮したFordら[10]によるマルテンサイト体積率を用いる。また、増分区間で微小変形・多軸応力下であるとして、以下の増分型構成式を用いる。

$$d\sigma = D(\varepsilon, T, \xi)d\varepsilon + \Theta(\varepsilon, T, \xi)dT + \Omega(\varepsilon, T, \xi)d\xi \tag{1-25}$$

ここで、σ は応力テンソル、ε は微小ひずみテンソルである。また、Liang、Sato、Tanaka らにより、式（1-25）中の D、Θ、Ω はマルテンサイト体積率に強く依存することが報告されている。上式は以下の式で表すことができる。

$$d\sigma = D(\xi)d\varepsilon + \Theta(\xi)dT + \Omega(\xi)d\xi \tag{1-26}$$

さらに、マルテンサイト体積率を応力誘起マルテンサイト体積率と温度誘起マルテンサイト体積率との和として考えることにより、

$$d\sigma = D(\xi)d\varepsilon + \Omega^S(\xi)d\xi^S + \Omega^T(\xi)d\xi^T + \Theta(\xi)dT \tag{1-27}$$

となる。ここで、D、Θ、Ω の独立変数であるマルテンサイト体積率 ξ は、厳密には応力誘起マルテンサイト体積率と温度誘起マルテンサイト体積率とに分けて考える必要があるが、ここでは応力誘起マルテンサイト体積率と温度誘起マルテンサイト体積率の和を用いている。

ｉ）D、Θ、Ω が一定の構成式

　式（1-26）を積分することにより、以下の式が得られる。

$$\sigma - \sigma_0 = D(\varepsilon - \varepsilon_0) + \Omega^S\left(\xi^S - \xi_0^S\right) + \Omega^T\left(\xi^T - \xi_0^T\right) + \Theta(T - T_0) \tag{1-28}$$

ここで、σ_0、ε_0、ξ_0^S、ξ_0^t、T_0 はそれぞれ初期の応力、ひずみ、応力誘起マルテンサイト体積率、温度誘起マルテンサイト体積率、温度である。また、式（1-28）は $A \rightarrow M_\sigma$ 変態の時、変態前のオーステナイト状態で $\sigma_0 = 0$、$\varepsilon_0 = 0$、$\xi_0^S = 0$、$\xi_0^t = 0$、変態後の応力誘起マルテンサイト状態で $\sigma_0 = 0$、$\varepsilon_0 = \varepsilon_L$、$\xi_0^S = 1$ である。そして、$T = T_0$ であるから、以下の関係が得られる。

$$\Omega^{\mathrm{s}} = \varepsilon_L D \tag{1-29}$$

さらに、$\mathrm{M_T} \to \mathrm{M_\sigma}$ 変態の時、変態前の温度誘起マルテンサイト状態で $\sigma_0 = 0$、$\varepsilon_0 = 0$、$\xi_0^{\mathrm{s}} = 0$、$\xi_0^{\mathrm{t}} = 1$、変態後の応力誘起マルテンサイト状態で $\sigma_0 = 0$、$\varepsilon_0 = \varepsilon_L$、$\xi_0^{\mathrm{s}} = 1$、$\xi_0^{\mathrm{t}} = 0$ である。そして、$\mathrm{T} = \mathrm{T_0}$ であるから、以下の関係が得られる。

$$\Omega^{\mathrm{T}} = 0 \tag{1-30}$$

したがって、D、Θ、Ω が一定である場合の形状記憶合金の構成式は以下のようになる。

$$d\sigma = Dd\varepsilon + \Omega^{\mathrm{s}}d\xi^{\mathrm{s}} + \Theta dT \tag{1-31}$$

ⅱ）D、Θ、Ω が一定でない構成式

Voight モデルのひずみ一定の混合則から、弾性係数テンソル $D(\xi)$ は以下の式で与えられる。

$$D\{\xi\} = D_{aus} + \xi(D_{mar} - D_{aus}) \tag{1-32}$$

また、変態テンソル $\Omega(\xi)$ をテーラー展開し、高次の項を無視することによって、以下の式が得られる。

$$
\begin{aligned}
\Omega(\xi) &= \Omega(\xi_0) + (\xi - \xi_0)\Omega'(\xi_0) + \frac{(\xi - \xi_0)^2}{2!}\Omega''(\xi_0) + \cdots\cdots \\
&= \Omega(\xi_0) + (\xi - \xi_0)\Omega'(\xi_0)
\end{aligned} \tag{1-33}
$$

ここで、ξ_0 は初期マルテンサイト体積率、Ω' は変態テンソルの一階微分である。式（1-29）から、以下の関係が得られ、

$$\Omega^{\mathrm{s}}(\xi_0) = -\varepsilon_L D(\xi_0) \tag{1-34}$$

式（1-32）と式（1-34）を式（1-33）に代入すると、

$$
\begin{aligned}
\Omega^{\mathrm{s}}(\xi_0) &= -\varepsilon_L D(\xi_0) + (\xi - \xi_0)\left[-\varepsilon_L D'(\xi_0)\right] \\
&= -\varepsilon_L\left\{D_{aus} + \xi_0(D_{mar} - D_{aus})\right\} - \varepsilon_L\left|(\xi - \xi_0)(D_{mar} - D_{aus})\right| \\
&= -\varepsilon_L D_{aus} - \varepsilon_L \xi(D_{mar} - D_{aus}) \\
&= -\varepsilon_L D(\xi)
\end{aligned} \tag{1-35}
$$

が得られる。また、式（1-30）から、以下の関係が得られる。

$$\Omega^{\mathrm{T}}(\xi) = 0 \tag{1-36}$$

以上の式から、D、Θ、Ω が一定でない場合の形状記憶合金の構成式は以下のように与えられる。

$$d\sigma = D(\xi)d\varepsilon + \Omega^s(\xi)d\xi^s + \Theta(\xi)dT$$
$$= D(\xi)d\varepsilon - \varepsilon_L D(\xi)d\xi^s - D(\xi)\alpha_f(\xi)dT \tag{1-37}$$

1.3.2 形状記憶合金の増分型構成方程式[3)]

Ni-Ti 形状記憶合金の応力誘起マルテンサイト変態は、オーステナイトからの変態と温度誘起マルテンサイトからの変態がある。ここでは、この両方の変態を温度の全範囲にわたり記述できる現象論的一次元増分型構成式として、Brinson のモデルを用いる。応力増分は弾性変形、マルテンサイト変態による変形、熱膨張による変形の項から次式で表される。

$$d\sigma_f = E_f d\varepsilon_f - \varepsilon_L E_f d\xi^s - E_f \alpha_f dT \tag{1-38}$$

ここで、E_f は形状記憶合金の弾性係数、α_f は熱膨張係数、ξ^s は応力誘起によるマルテンサイト体積率で、ε_L は最大変態ひずみである。また、ξ^s は応力と温度に依存するので、上式のマルテンサイト体積率増分 $d\xi^s$ は、

$$d\xi^s = \frac{\partial \xi^s}{\partial \sigma_f}d\sigma_f + \frac{\partial \xi^s}{\partial T}dT \tag{1-39}$$

となる。したがって、式（1-39）を式（1-38）に代入することによって、形状記憶合金の増分型構成式は以下で与えられる。

$$d\sigma_f = E_f d\varepsilon_f - \varepsilon_L E_f \frac{\partial \xi^s}{\partial \sigma_f}d\sigma_f - E_f \varepsilon_L \frac{\partial \xi^s}{\partial T}dT - E_f \alpha_f dT$$
$$\left(1 + \varepsilon_L E_f \frac{\partial \xi^s}{\partial \sigma_f}\right)d\sigma_f = E_f d\varepsilon_f - \left(E_f \varepsilon_L \frac{\partial \xi^s}{\partial T} + E_f \alpha_f\right)dT \tag{1-40}$$
$$d\sigma_f = \frac{E_f}{1 + \varepsilon_L E_f \frac{\partial \xi^s}{\partial \sigma_f}}\left\{d\varepsilon_f - \left(\varepsilon_L \frac{\partial \xi^s}{\partial T} + \alpha_f\right)dT\right\}$$

図 1-4（b）は、オーステナイトあるいは温度誘起マルテンサイトから応力誘起マルテンサイトへの変態およびマルテンサイトからオーステナイトへの逆変態に対して、変態開始・完了応力と温度の関係を模式的に示した Ni-Ti 合金の変態線図である。①は A → M_σ が支配的の変態、②は M_T → M_σ が支配的の変態、③は M_σ → A のオーステナイト変態（逆変態）の領域を示してある。マルテンサイト体積率は応力誘起マルテンサイトおよび温度誘起マルテンサイトの体積率の和として、

$$\xi = \xi^s + \xi^T \tag{1-41}$$

により与えられる。図 1-4（b）に示すように、応力誘起マルテンサイト変態の変態応力と温度の関係は、つり合い温度（T_{eq}）を境に異なる。このとき、それぞれの勾配を C_M、C'_M で表す。この T_{eq} 点は Ni-Ti を高温（オーステナイト域）から冷却した材料では Ms 点に近

い値で、低温（マルテンサイト域）から加熱した材料ではA_s点に近いという報告もされているが、ここではM_s点に等しいと仮定する。また、オーステナイト変態の勾配はC_Aで表す。Brinson のモデルでは、変態域のマルテンサイト体積率を応力と温度に関する余弦関数により近似し、次式で与えている。

①の領域（$A \rightarrow M_\sigma$）に対して、

$T > M_s$,　$\sigma_{Ms}^{\min} + C_M\left(T - T_{eq}\right) < \sigma_f < \sigma_{Mf}^{\min} + C_M\left(T - T_{eq}\right)$ の温度範囲の場合、

$$\xi^S = \frac{1-\xi_0^S}{2}\cos\left[\frac{\pi}{\sigma_{Ms}^{\min}-\sigma_{Mf}^{\min}}\left\{\sigma - \sigma_{Mf}^{\min} - C_M\left(T-T_{eq}\right)\right\}\right] + \frac{1+\xi_0^S}{2} \tag{1-42}$$

$$\xi^T = \xi_0^T \frac{\xi_0^T}{1-\xi_0^S}\left(\xi^S - \xi_0^S\right) \tag{1-43}$$

$T < M_s$,　$\sigma_{Ms}^{\min} + C_M'\left(T - T_{eq}\right) < \sigma_f < \sigma_{Mf}^{\min} + C_M'\left(T - T_{eq}\right)$ の温度範囲の場合、

$$\xi^S = \frac{1-\xi_0^S}{2}\cos\left[\frac{\pi}{\sigma_{Ms}^{\min}-\sigma_{Mf}^{\min}}\left\{\sigma - \sigma_{Mf}^{\min} - C_M'\left(T_{eq}-T\right)\right\}\right] + \frac{1+\xi_0^S}{2} \tag{1-44}$$

$$\xi^T = \xi_0^T \frac{\xi_0^T}{1-\xi_0^S}\left(\xi^S - \xi_0^S\right) \tag{1-45}$$

ここで、

$$C_M = \frac{C_{Ms} + C_{Mf}}{2} \tag{1-46}$$

$$C_M' = \frac{C_{Ms}' + C_{Mf}'}{2} \tag{1-47}$$

次に、以下の②の領域では応力誘起マルテンサイト変態だけでなく、温度低下による温度誘起マルテンサイトの増加により変態現象が複雑となる。しかしながら、ここでは温度一定の条件で応力誘起マルテンサイト変態が進行する場合のみを想定して定式化する。

②の領域（$M_T \rightarrow M_\sigma$）に対して、$T > A_s$,　$C_A\left(T - A_f\right) < \sigma_f < C_A\left(T - A_s\right)$ の温度範囲の場合、

$$\xi = \frac{\xi_0}{2}\left\{\cos\left[\left(\frac{\pi}{A_f - A_s}\right)\left(T - A_s \frac{\sigma_f}{C_A}\right)\right] + 1\right\} \tag{1-48}$$

$$\xi^S = \xi_0^S - \frac{\xi_0^S}{\xi_0}\left(\xi_0 - \xi\right) \tag{1-49}$$

$$\xi^T = \xi_0^T - \frac{\xi_0^T}{\xi_0}\left(\xi_0 - \xi\right) \tag{1-50}$$

ここで、

$$C_A = \frac{C_{As} + C_{Af}}{2} \tag{1-51}$$

上述の式において、ξ_0^S と ξ_0^T は変態域に入る前の応力誘起マルテンサイト体積率と温度誘起マルテンサイト体積率の初期値である。**図 1-5** は、無応力状態の温度誘起マルテンサイト

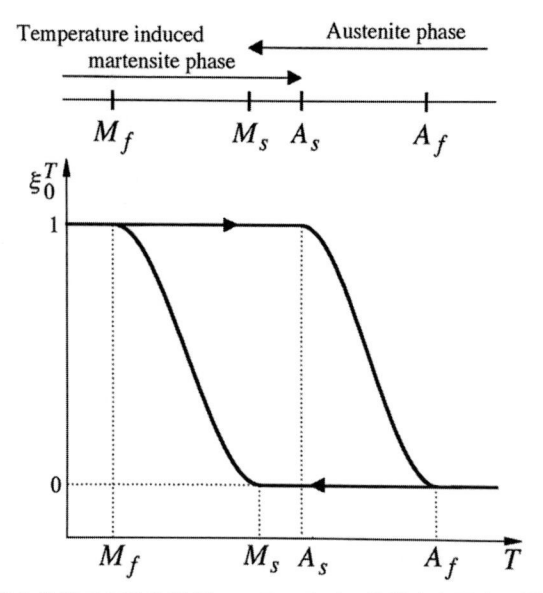

図1-5　無応力状態での温度誘起マルテンサイト体積率と温度の関係の模式図

体積率と温度の関係を示したものである。図を見てわかるように、オーステナイトの温度域から冷却した場合、$T>M_s$ では $\xi_0^S=0$ である。さらに、$M_f<T<M_s$ の範囲において、温度誘起マルテンサイト体積率は以下の式で与えられる。

$$\xi_0^T = \frac{1}{2}\left(\cos\left[\left(\frac{\pi}{M_s-M_f}\right)(T-M_f)\right]+1\right) \tag{1-52}$$

一方で、温度誘起マルテンサイトの温度域から加熱した場合、$T<A_s$ では $\xi_0^S=1$ である。さらに、$A_s<T<A_f$ の範囲において、温度誘起マルテンサイト体積率は以下の式で与えられる。

$$\xi_0^T = \frac{1}{2}\left(\cos\left[\left(\frac{\pi}{A_f-A_s}\right)(T-A_s)\right]+1\right) \tag{1-53}$$

また、形状記憶合金のヤング率はマルテンサイト体積率に依存し、Voight モデルの混合則から以下の式で表すことができる。

$$E_f\{\xi\} = E_{aus} + \xi(E_{mar}-E_{aus}) \tag{1-54}$$

ここで、E_{aus} はオーステナイトのヤング率、E_{mar} はマルテンサイトのヤング率である。同様に、形状記憶合金の熱膨張係数もマルテンサイト体積率に依存し、以下の式で記述できる。

$$\alpha_f\{\xi\} = \alpha_{aus} + \xi(\alpha_{mar}-\alpha_{aus}) \tag{1-55}$$

ここで、α_{aus} はオーステナイトの熱膨張係数、α_{mar} はマルテンサイトの熱膨張係数である。

1.3.3　有限要素法への適用[11]

前述までに導出された形状記憶合金の増分型構成方程式を有限要素法に適用する。ここでは、有限要素法を用いて形状記憶合金に一定温度下で単軸引張負荷を与えたときに生じる変形挙動（ひずみ分布）を算出することを試みる。

まず、Brinson らによって提案されている Prandtl-Reuss の式に基づいた形状記憶合金の構成式を以下に示す。

$$d\varepsilon_{ij} = \frac{d\sigma'_{ij}}{2G} + \frac{1-2\nu}{E} d\sigma_m \delta_{ij} + \frac{9\varepsilon_L \sigma'_{ij}\sigma'_{kl}}{4\bar{\sigma}^2}\left(\frac{\partial \xi^S}{\partial \bar{\sigma}}\right) d\sigma'_{kl} \tag{1-56}$$

ここで、E はヤング率であり、式（1-54）で与えられる。G は剛性率であり、次の式で与えられる。

$$G\{\xi\} = \frac{E\{\xi\}}{2(1+\nu)} \tag{1-57}$$

ν はポアソン比、ε_L は最大回復ひずみである。ε_{ij} は全ひずみ、σ'_{ij} は偏差応力、σ_m は静水圧応力である。ξ^S は応力誘起マルテンサイト体積率である。本解析では、応力誘起マルテンサイト体積率をミーゼスの相当応力 $\bar{\sigma}$ と温度に支配されるものと仮定し、式（1-42）～式（1-45）中の σ を相当応力 $\bar{\sigma}$ とした 1 次元の式で表記する。また、初期の温度誘起マルテンサイト体積率は、式（1-52）と式（1-53）から与えられるものとする。

次に、式（1-56）を有限要素法に適用するために、マトリックス表記する。まず、式（1-56）は以下のようなマトリックス表記で表すことができる。

$$\{d\sigma\} = [D]\{d\varepsilon\} \tag{1-58}$$

$\{d\sigma\}$ と $\{d\varepsilon\}$ は、全応力増分と全ひずみ増分のマトリックスである。また、$[D]$ は以下のように表記することができる。

$$[D] = [D^e] - \frac{[D^e]\{\sigma'\}\{\sigma'\}^T[D^e]}{1/h + \{\sigma'\}^T[D^e]\{\sigma'\}} \tag{1-59}$$

$[D^e]$ は弾性係数マトリックスであり、$\{\sigma'\}$ は偏差応力マトリックスである。また、上式中の h は以下のように表される。

$$h = \frac{9\varepsilon_L}{4\bar{\sigma}^{-2}}\left(\frac{\partial \xi}{\partial \bar{\sigma}}\right) \tag{1-60}$$

1.4　形状記憶合金の相変態・変形挙動[12)-15]

1.4.1　温度ごとの応力-ひずみ線図

形状記憶合金の材料定数として、以下の 50.7Ni-49.3Ti（原子比）に対する以下の値を用いた。

$$M_s = -10°C, \qquad M_f = -40°C,$$
$$A_s = -3°C, \qquad A_f = 25°C,$$
$$\sigma_{Mf}^{min} = 250.0\,MPa, \qquad \sigma_{Mf}^{min} = 250.0\,MPa,$$
$$M_s = -10°C, \qquad M_s = -10°C,$$
$$M_s = -10°C,$$
$$E_{aus} = 67.0\,GPa, \qquad E_{mar} = 26.3\,GPa,$$
$$\alpha_{aus} = 11.0 \times 10^{-6}\,/°C, \qquad \alpha_{mar} = 6.6 \times 10^{-6}\,/°C,$$
$$\varepsilon_L = 0.048$$

得られた構成式（式（1-40））を用いて、形状記憶合金に単軸引張負荷・除荷を与えたときの応力−ひずみ線図を算出した。**図 1-6** は、変態温度域ごと（$T>A_f$, $M_s>T>M_f$, $T<M_f$）の解析結果である。図 1-6（a）は解析に用いた変態線図であり、図 1-6（b）は形状記憶合金に単軸引張負荷・除荷を与えたときの応力−ひずみ線図である。図から、形状記憶合金は、30℃以上で超弾性の挙動を示し、−20℃以下で除荷後にひずみが残留している（形状記憶効果の温度域）ことがわかる。また、変態開始応力に注目してみると、超弾性の挙動を示す温度域では温度とともに変態開始応力も大きく増加する。一方で、形状記憶効果を示す温度域では変態開始応力に大きな相違は現れない。

　次に、単軸引張負荷・除荷中のマルテンサイト体積率の変化に注目した結果が図7である。**図 1-7**（a）は解析に用いた変態線図であり、図 1-7（b）（c）（d）は形状記憶合金に単軸引張負荷・除荷を与えたときの応力誘起マルテンサイト体積率と温度誘起マルテンサイト体積率の変化をまとめた解析結果である。図から、30℃以上の超弾性の温度域ではオーステナイトから応力誘起マルテンサイトへの変態のみであることがわかる。一方で、マイナス20℃以下の形状記憶効果の温度域では、変形挙動（応力−ひずみ線図）はほぼ同一であるが、相変態挙動は異なる。つまり、オーステナイトから応力誘起マルテンサイトへの変態だけでなく、温度誘起マルテンサイトから応力誘起マルテンサイトへの変態も含まれている。

1.4.2　切り欠き部を有する Ni-Ti 平板に生じるひずみ分布

　切り欠き部を有する Ni-Ti 平板（50.5Ni-49.5Ti（at.%））に単軸引張負荷を与え、デジタル画像相関法を用いることで変形中のひずみ分布を計測する[13)15)16)]。また、構築された構成方程式を用いて、単軸引張負荷下の切り欠き部を有する Ni-Ti 平板に対して有限要素法解析を行い、その変形・相変態挙動を解析する。

　図 1-8（上）は切り欠き部を有する Ni-Ti 平板試験片の概略図であり、図 1-8（下）はNi-Ti 平板試験片の写真とデジタル画像相関法により得られるひずみ分布の計測範囲を示してある。一方で、**図 1-9** は有限要素モデルであり、図 1-8 の切り欠き部を有する Ni-Ti 平板試験片の 1/4 部分のモデルである。また、単軸引張負荷下の切り欠き部を有する Ni-Ti

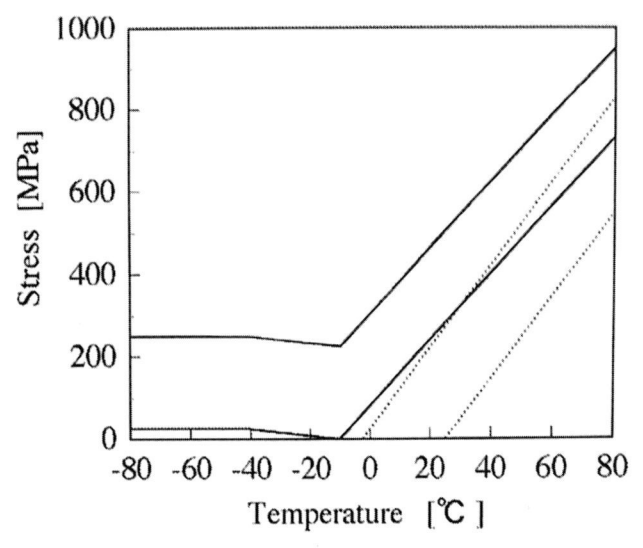

(a) Critical stress-temperature for present analysis.

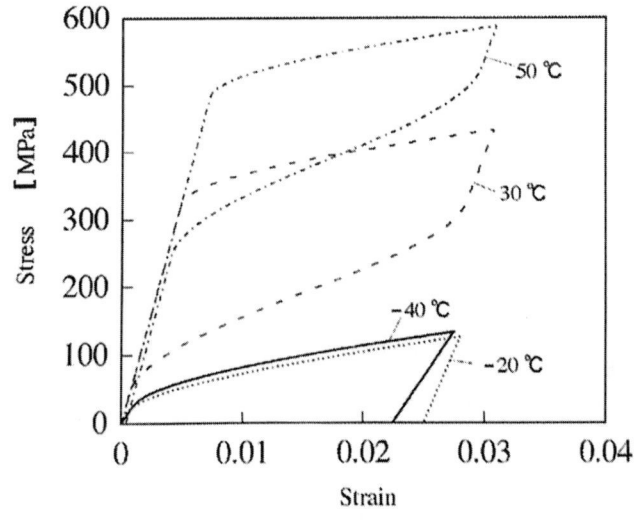

(b) Stress-strain response at various temperatures.

図 1-6　変態温度域ごとの解析結果（σ-ε 線図）

平板に対して有限要素法解析を行うために、切り欠き部のない Ni-Ti 平板に対して単軸引張負荷試験を行い、以下の材料定数を決定した。

$$E_{\mathrm{aus}} = 9.0\,\mathrm{GPa}, \quad E_{\mathrm{mar}} = 3.0\,\mathrm{GPa}, \quad \sigma_{MS}^{\min} = 190.0\,\mathrm{MPa},$$

$$\sigma_{Mf}^{\min} = 250.0\,\mathrm{MPa}, \quad \varepsilon_L = 0.03$$

　図 1-10 は、切り欠き部を有する Ni-Ti 平板試験片の単軸引張試験結果である。図 1-10 (a) は応力-ひずみ線図、図 1-10 (b) は負荷中に試験片表面に生じるひずみ分布の計測結果である。図 1-10 (b) 中の左が縦ひずみ（引張方向のひずみ）、中央が横ひずみ、右がせ

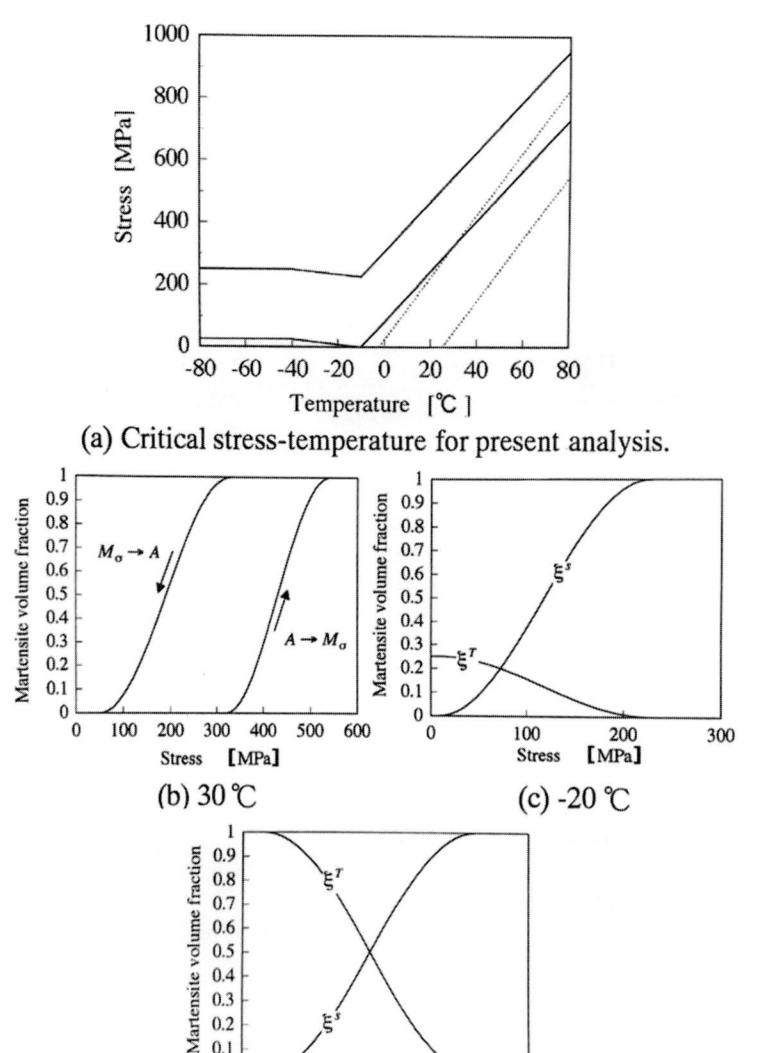

(a) Critical stress-temperature for present analysis.

(b) 30 ℃

(c) -20 ℃

(d) -40 ℃

図1-7 　変態温度域ごとの解析結果 (マルテンサイト体積率の変化)

　ん断ひずみの計測結果である。ひずみは、黒色から白色に近づくほど値が高くなる。また、ひずみ分布の計測は、応力-ひずみ線図中の (1) 〜 (6) のときの結果である。

　図から、(1) の領域では温度誘起マルテンサイト相とオーステナイト相の2相の状態で弾性変形していることがわかる。その後、(2) の領域で応力誘起マルテンサイト変態が開始しはじめ、変形とともに応力が増加していく。(5) の領域では応力がほぼ一定で変形が進行している。さらに、(6) の領域では、応力誘起マルテンサイト変態が完了し、応力誘起マルテンサイト相の弾性変形が生じていることがわかる。一方で、ひずみ分布の計測結

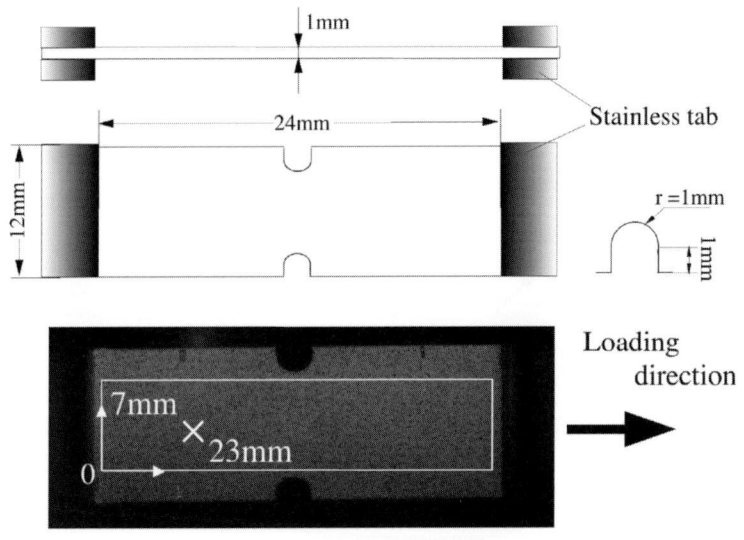

図1-8　切り欠き付引張試験片

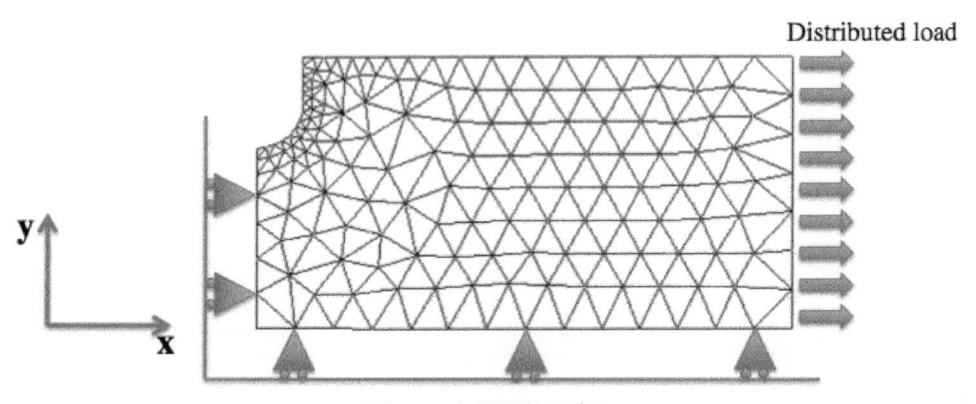

図1-9　有限要素モデル

果を見てみると、(1) の領域（弾性域）ではひずみ分布は一様である。(2) の領域（応力誘起マルテンサイト変態の開始域）では切り欠き周辺の応力集中部からひずみ帯が発生している。(3) ～ (4) の領域では発生したひずみ帯が伝播・分岐していることがわかる。さらに、(5) の領域ではひずみ帯が試験片の引張方向に対してある角度を保ったまま伝播していく様子がわかる。(6) の弾性域では再度ひずみ分布が一様となる。

　図1-11 は、切り欠き部を有する Ni-Ti 平板に単軸引張負荷を与えたときの有限要素法による解析結果である。図 1-11 (a) は応力－ひずみ線図、図 1-11 (b) は負荷中に Ni-Ti 平板に生じるひずみ分布の計算結果である。

　図から、(1) の領域では温度誘起マルテンサイト相とオーステナイト相の 2 相の状態で弾性変形していることがわかる。(2) の領域で応力誘起マルテンサイト変態が開始しはじ

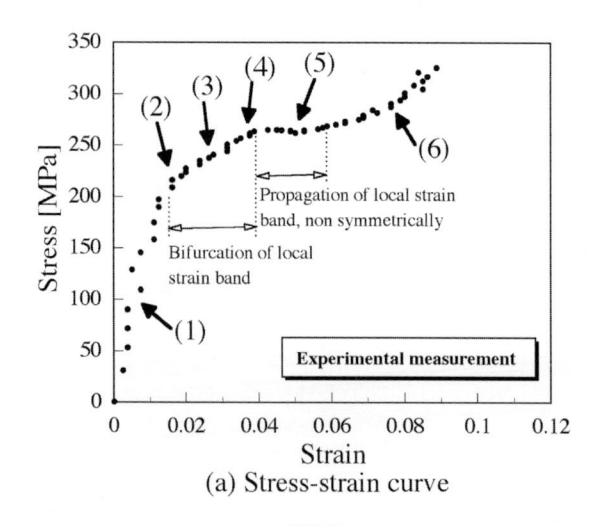

(a) Stress-strain curve

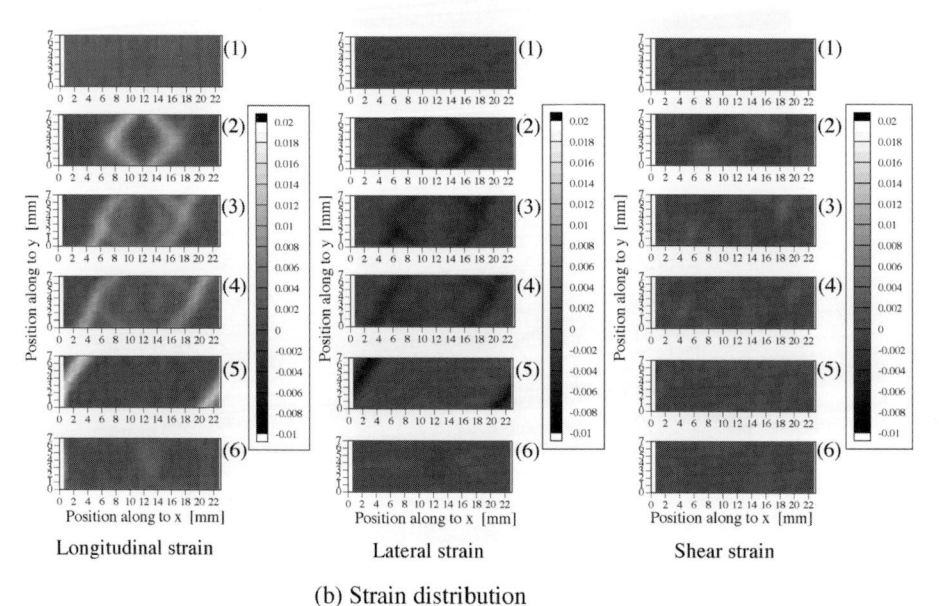

(b) Strain distribution

図 1-10 切り欠き付 Ni-Ti 平板の単軸引張の実験結果

め、(3) 〜 (4) の領域で応力誘起マルテンサイト変態が進行し、変形とともに応力が増加していく。(5) の領域では応力誘起マルテンサイト変態が完了し、応力誘起マルテンサイト相の弾性変形が生じていることがわかる。一方で、ひずみ分布の計算結果をみてみると、(1) の領域（弾性域）ではひずみ分布は一様である。(2) の領域（応力誘起マルテンサイト変態の開始域）では、実験結果と同様に、切り欠き周辺の応力集中部からひずみ帯が発生している。(3) 〜 (4) の領域では、実験結果と異なり、発生したひずみ帯が対称に伝播していることがわかる。(6) の弾性域では再度ひずみ分布が一様となる。

　上述の実験結果と計算結果を比較すると、応力−ひずみ線図における応力誘起マルテン

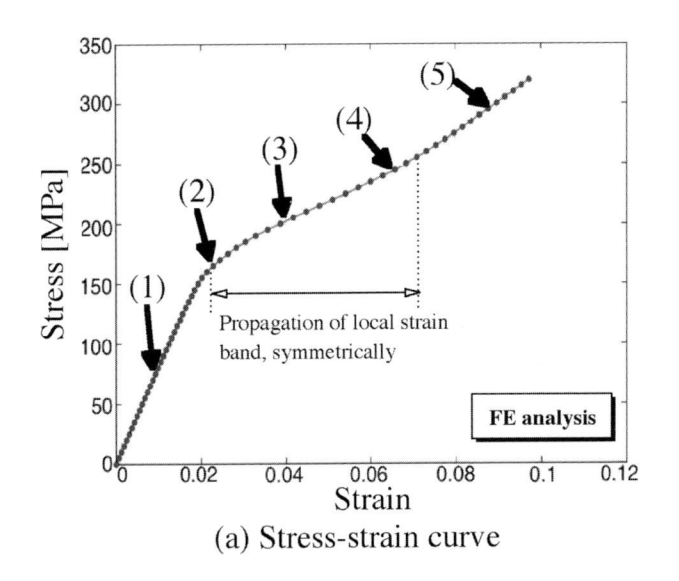

(a) Stress-strain curve

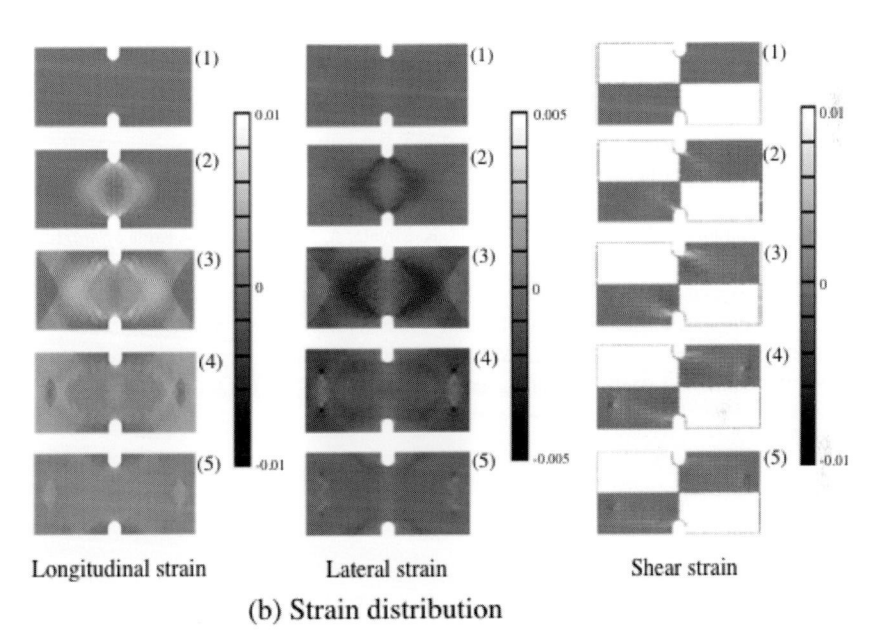

(b) Strain distribution

図 1-11　切り欠き付 Ni-Ti 平板の単軸引張の解析結果

サイト変態中に、とくに異なった変形挙動を示すことがわかった。この相違は、応力誘起マルテンサイト変態の進行中に生じるひずみ帯の伝播挙動が要因となる。また、この応力誘起マルテンサイト変態中のひずみ帯の伝播挙動は、素材のもつ異方性特性（結晶方位分布に起因する集合組織など）に大きく依存することになる。結果として、詳細な形状記憶合金の応力−ひずみ線図を記述していくためには、素材の微視組織を考慮した構成式の構築が必要になってくると考えられる。

1.5 おわりに

　本章では、まず、形状記憶合金の応力−ひずみ関係を紹介した。次に、内部状態変数型の構成方程式を紹介するとともに、形状記憶合金の増分型構成方程式への適用方法について述べた。また、得られた構成式の有限要素法への適用法を説明した。そして、得られた構成式を用いて、Ni-Ti 形状記憶合金の相変態・変形挙動の記述を試みるとともに、Ni-Ti 形状記憶合金の相変態・変形挙動の実験結果と比較・検討を行った。

文献

1) G. Murasawa, K. Tohgo and H. Ishii : *J. Compos. Mater.*, **38**, 399 (2004).
2) 舟久保熙康：形状記憶合金，産業図書 (1984).
3) G. Murasawa, K. Tohgo and H. Ishii : *Smart Mater. Struct.*, **15**, 33 (2006).
4) 井上達雄，長岐滋，田中喜久昭：固体力学と相変態の解析，大河出版 (1995).
5) 田中喜久昭，戸伏寿昭，宮崎修一：形状記憶合金の機械的性質，養賢堂出版 (1994).
6) K. Tanaka : *Res Mechanica*, **2** (3), 59-72 (1986).
7) D. Koistinen and R. Marburger : *Acta Metallurgica*, **7**, 59-60 (1959).
8) L. C. Brinson : *Mater. Syst. and Struct.*, **4**, 229-242 (1993).
9) C. Liang and CA.Rogers : *J. Intell. Mater. Syst. and Struct.*, **1**, 207-234 (1990).
10) D. S. Ford and S. R. White : *Acta Mater.*, **44**, 2295-2307 (1993).
11) G. Murasawa, S. Yoneyama, K. Miyata, A. Nishioka and T. Koda : *Strain*, **47**, 389 (2010).
12) G. Murasawa, K. Kitamura, S. Yoneyama, S. Miyazaki, K. Miyata, A. Nishioka and T. Koda : *Smart Mater. Struct.*, **18** (2009).
13) G. Murasawa, S. Yoneyama and T. Sakuma : *Smart Mater. Struct.*, **16**, 160 (2007).
14) G. Murasawa, S. Yoneyama, T. Sakuma and M. Takashi : *Mater. Trans.*, **47**, 780 (2006).
15) S. Yoneyama and G. Murasawa : Experimental Mechanics, Encyclopedia of Life Support Systems (EOLSS) (2007).
16) G. Murasawa, R. Takahashi, T. Morimoto and S. Yoneyama : *Exp. Mech.*, **55**, 65 (2015).

第2章

塑性変形を考慮した単軸構成式によるアクチュエータのシミュレーション

元 大分大学　佐久間　俊雄

第2章　塑性変形を考慮した単軸構成式による アクチュエータのシミュレーション

2.1　はじめに

　形状記憶合金の複雑な変形挙動や形状回復挙動を構成式で記述することは容易ではないが、形状記憶合金の形状記憶効果や超弾性などの形状記憶特性を利用したさまざまな機器を設計・製作するためには、回復量や回復応力等をシミュレーションできる構成式は不可欠といえる。

　これまでに、形状記憶合金の構成式に関する多くの研究がなされており、単軸、多軸等に関する議論が盛んに行われてきた[1]-[7]。田中らはマルテンサイト相の体積分率を内部変数として導入し、Magee の変態カイネティックスを採用し、応力-ひずみ関係、低ひずみ領域での超弾性挙動の記述および変態過程の構成式を提案した[6]。

　ところが、形状記憶合金を実製品に適用するためには、マルテンサイト相での変形の際に生じる塑性変形や変態温度の変化等を考慮する必要がある。これに対し、塑性変形が生じる領域まで負荷することを想定した研究例は少ない。また、形状記憶合金は形状記憶特性を繰返し利用できることが特徴であり、繰返し利用することにより特性が変化する[8]。形状記憶合金の変形挙動等に対しより正確なモデリングをするためには、変形に伴う塑性変形、変態温度の変化および繰返しに伴う特性変化等を表現する構成式が必要である。

　本章では、アクチュエータ等の機器に利用される場合が多い、単軸モデルについての構成式について述べる。形状記憶合金に変形を付与すると、すべりの臨界応力が低いマルテンサイト相が優先的にすべり変形する。すべり変形したマルテンサイト相は逆変態終了温度以上に加熱しても母相（オーステナイト相）には戻らず、マルテンサイト相のまま残留する。そこで、単軸引張モデルでは残留したマルテンサイト相分率を導入した構成式について述べる。また、形状記憶効果を用いるアクチュエータ等では形状記憶合金にあらかじめ所定のひずみ（予ひずみ）を付与する必要がある。しかし、予ひずみを付与すると変態温度が変化する。そこで、単軸引張に対する構成式と変態カイネティックスについて、予ひずみの付与に対する材料内部の損傷（すべり変形）および変態温度変化を考慮した構成式について述べる。

　次に、構成式中に表れる諸係数や材料定数等の材料パラメータを実験等により求める方法について述べる。最後に単軸引張構成式の精度を検証するために、位置決め制御システムによる試験結果と構成式によるシミュレーション結果について述べる。

2.2 単軸モデルの構成式

2.2.1 応力-ひずみ関係

形状記憶合金の応力-ひずみ関係は次の式（2-1）で表すことができる。

$$\dot{\sigma} = f(\dot{\varepsilon}) + g(\dot{\theta}) + h(\dot{\xi}) \tag{2-1}$$

ここで、σ、εはそれぞれ応力、ひずみ、θは温度、ξはマルテンサイト相の体積分率を表す。また、文字の上のドットは時間微分を表す。

形状記憶合金を用いたアクチュエータ等では加熱、冷却して使用する場合の温度領域では同合金の熱膨張は微小であることから、$g(\dot{\theta}) = 0$とすることができることより式（2-1）は次式（2-2）で表される。

$$\dot{\sigma} = f(\dot{\varepsilon}) + h(\dot{\xi}) \tag{2-2}$$

ここで、形状記憶合金のマルテンサイト相における応力とひずみの関係は図 2-1 に示す関係にあり、ひずみにより 4 つの領域に分かれる[9]。応力がひずみに対して直線的に増加する弾性変形領域（領域 I）、応力が弾性領域を超える（図中の σ_1 に達する）と双晶バリアントの再配列が始まり、ひずみに対して応力はほとんど変化しない（領域 II）。バリアントの再配列が終了し、単一バリアントの弾性変形により応力はひずみに対して再び線形的に増加する（領域 III）。領域 III を超えるとひずみ硬化域（領域 IV）となる。

そこで、I ～ IV の各領域に対する応力とひずみの関係を以下のように定義する。

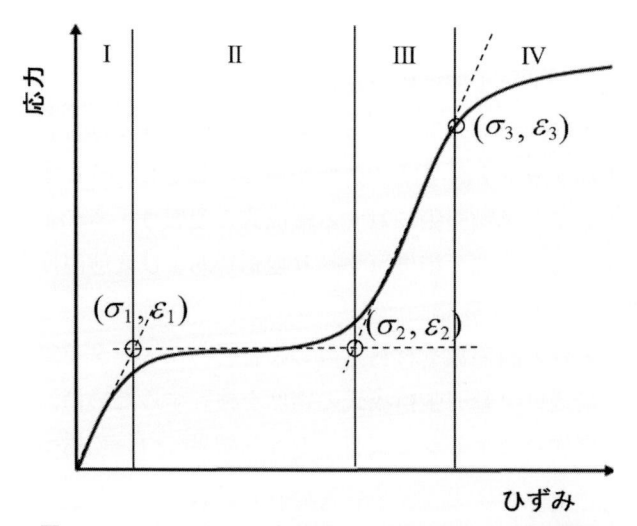

図 2-1　マルテンサイト相状態における応力-ひずみ関係

［領域 I］

応力はひずみの増加とともに一定の割合（マルテンサイト相の弾性定数 E_M）で増加する。応力とひずみの関係は式（2-3）で表すことにする。

$$\Delta\sigma_1 = \int_0^{t_1} f(\dot{\varepsilon})dt = E_M \Delta\varepsilon_{01} \tag{2-3}$$

ここで、t_1 は領域 II に遷移するまでの時間である。

［領域 II］

バリアントの再配列により応力はほとんど増加しない。このときの応力の増加率を $E' = (E_M + S)$ で表すことにすると領域 II における応力とひずみの関係は次式（2-4）となる。

$$\Delta\sigma_2 = \int_{t_1}^{t} f(\dot{\varepsilon})dt = E' \Delta\varepsilon_{12} \tag{2-4}$$

［領域 III］

単一バリアントの弾性変形であり、応力は単一バリアントの弾性定数 $E'' = (E_M + S')$ により直線的に増加することにすると領域 III における応力とひずみの関係は次式（2-5）となる。

$$\Delta\sigma_3 = \int_{t_2}^{t} f(\dot{\varepsilon})dt = E'' \Delta\varepsilon_{23} \tag{2-5}$$

ここで、t_2 は領域 III に遷移するまでの時間である。

［領域 IV］

ひずみ硬化が始まり、応力-ひずみ関係はひずみ硬化式で表すことができ、以下の式（2-6）となる。

$$\Delta\sigma_4 = \int_{t_3}^{t} f(\dot{\varepsilon})dt = F\varepsilon_{34}^{n} \tag{2-6}$$

ここで、t_3 は領域 IV に遷移するまでの時間、また n はひずみ硬化指数である。

［除荷過程］

除荷時は、いずれの領域においてもマルテンサイト相の弾性係数 E_M で戻ると仮定する。そこで、除荷過程における応力およびひずみの変化をそれぞれ $\Delta\sigma_{UL}$ および $\Delta\varepsilon_{UL}$ とすると、すべての領域における応力-ひずみ関係は次式（2-7）で表すことができる。

$$\Delta\sigma_{UL} = E_M \Delta\varepsilon_{UL} \tag{2-7}$$

2.2.2　ひずみ-マルテンサイト相分率関係

(1) 残留マルテンサイト相分率

マルテンサイト相状態で予ひずみを負荷した後除荷し、ひずみを拘束せずに昇温する場合を考える。

マルテンサイト相状態で予ひずみを負荷すると、材料内部にすべり変形が発生する。その後の昇温により逆変態が完了しても、すべり変形したマルテンサイト相は母相（オーステナイト相）のなかに残留する[10]。この母相内に残留したマルテンサイト相の体積分率を残留マルテンサイト相分率と定義し、予ひずみによって導入された転位の指標として扱えることが明らかとなっている[11]。

　残留マルテンサイト相分率は下記のようにして求められる。

　予ひずみ付与時にすべり変形したマルテンサイト相は逆変態終了温度（A_f点）以上に加熱しても母相には戻らず、マルテンサイト相の状態で残存する。残存したマルテンサイト相は昇温後のみかけの弾性定数 E_L の変化として現れる。そこで、材料中の残留マルテンサイト相分率を以下の仮定の下に算出する。

① すべり変形は、母相ではなく、マルテンサイト相において発生する。

② すべり変形を受けたマルテンサイト相は、A_f点以上に加熱しても母相には戻らない。

③ 残留マルテンサイト相分率の算出には直列モデルを適用する。

　試料全体のひずみを ε_{all}、試料の母相（オーステナイト相）部分およびマルテンサイト相部分のひずみをそれぞれ ε_A、ε_M とすると、各ひずみは応力を σ、残留マルテンサイト相分率を ξ_p として式（2-8）〜式（2-10）で表すことができる。

$$\varepsilon_{all} = \frac{\sigma}{E_L} \tag{2-8}$$

$$\varepsilon_A = \frac{\sigma}{E_A}\left(1 - \xi_p\right) \tag{2-9}$$

$$\varepsilon_M = \frac{\sigma}{E_M}\xi_p \tag{2-10}$$

ここで、E_A は母相の弾性係数である。

　式（2-8）〜式（2-10）に対し、直列モデルを適用すると式（2-11）を得る。

$$\frac{\sigma}{E_L} = \frac{\sigma}{E_A}\left(1 - \xi_p\right) + \frac{\sigma}{E_M}\xi_p \tag{2-11}$$

式（2-11）より残留マルテンサイト相分率 ξ_p は式（2-12）のように表すことができる。

$$\xi_p = \frac{E_M\left(E_A - E_L\right)}{E_L\left(E_A - E_M\right)} \tag{2-12}$$

　図 2-2[12]に残留マルテンサイト相分率と予ひずみ ε_{pr} との関係を示す。後述する非拘束昇温過程では、予ひずみ ε_{pr} が約3％を超えると塑性変形により材料内部にすべり変形が生じ、逆変態温度以上に加熱・昇温しても完全には母相（オーステナイト相）に戻らないマルテンサイト相が存在することになる。また、拘束昇温過程では非拘束昇温過程よりもさらに

小さい予ひずみ $\varepsilon_{pr} \approx 1\%$ で残留マルテンサイト相が生じ、拘束、非拘束とも予ひずみの増加に対してほぼ線形的に残留マルテンサイト相分率が増大する。

　予ひずみの増大に伴い残留マルテンサイト相分率が増加することは、逆変態温度以上に加熱・昇温しても変形が完全には元に戻らず、残留ひずみが残る。図 2-3[12] は残留マルテンサイト相分率と残留ひずみとの関係を示したものであり、残留ひずみ ε_{Re} は残留マルテンサイト相分率の増大に伴いほぼ線形的に増加する。

　以上、述べたように残留マルテンサイト相分率は付与する予ひずみの大きさによって加

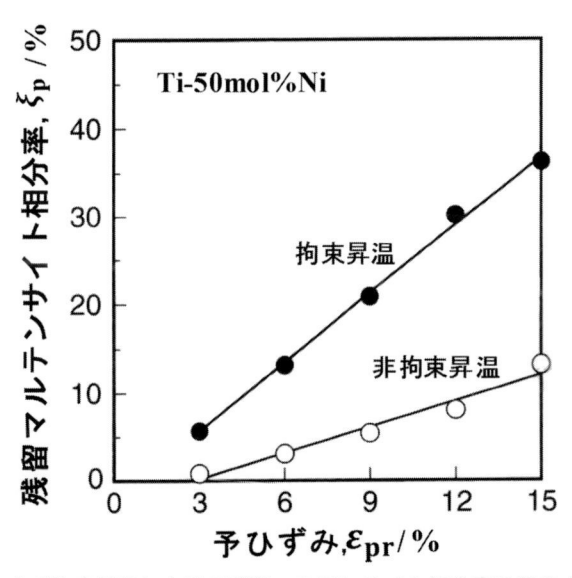

図 2-2　非拘束および拘束昇温における残留マルテンサイト相分率の予ひずみに対する変化

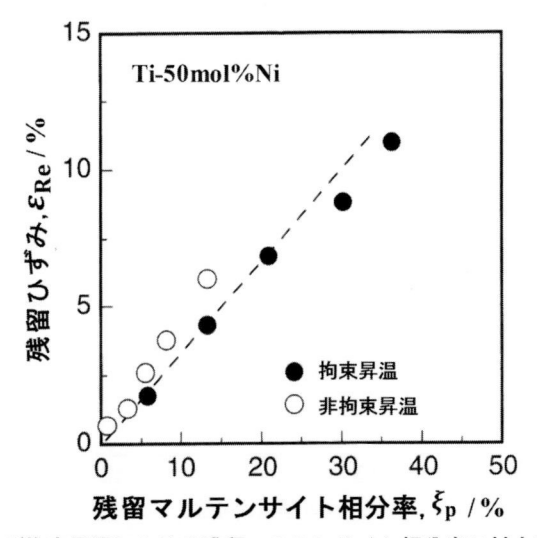

図 2-3　非拘束および拘束昇温における残留マルテンサイト相分率に対する残留ひずみの変化

熱・昇温してもマルテンサイト相が残存するため、シミュレーション等の際にはこれを考慮する必要があることを留意すべきである。

アクチュエータ等では、形状記憶合金の特性を繰返し利用することが一般的である。しかし、その特性を繰返し利用すると、残留マルテンサイト相分率は繰返しに伴い増大する。図 2-4[11] は $50Ti-(50-x)Ni-xCu(x＝0 \sim 13mol\%)$ 合金に対する繰返し回数に伴う残留マルテンサイト相分率の変化を示したものである。Cu が添加されていない Ti-50Ni が繰返しに対してもっとも残留マルテンサイト相分率が増大する。しかし、Cu 濃度が 10mol% を超えると繰返しに対する残留マルテンサイト相分率の増加はあまり変化しない。

（2）非拘束昇温過程

式（2-2）を逆変態開始条件（$t＝t_s$）から逆変態終了条件（$t＝t_f$）まで積分することにより、非拘束昇温過程での応力-ひずみ関係を式（2-13）で、またひずみ-マルテンサイト相分率を式（2-14）でそれぞれ表すことができる。

$$\Delta\sigma = \int_{t_s}^{t_f}\left\{f(\dot{\varepsilon})+h(\dot{\xi})\right\}dt$$
$$= E_L\Delta\varepsilon + X_f\Delta\xi_f \tag{2-13}$$

$$\Delta\varepsilon = -\frac{X_f}{E_L}\Delta\xi_f \tag{2-14}$$

ここで X_f は変態ひずみに対応する材料パラメータであり、予ひずみの関数とする。昇温時の逆変態過程の記述には Magee の変態カイネティックスを拡張した次式（2-15）を用いる[5]。

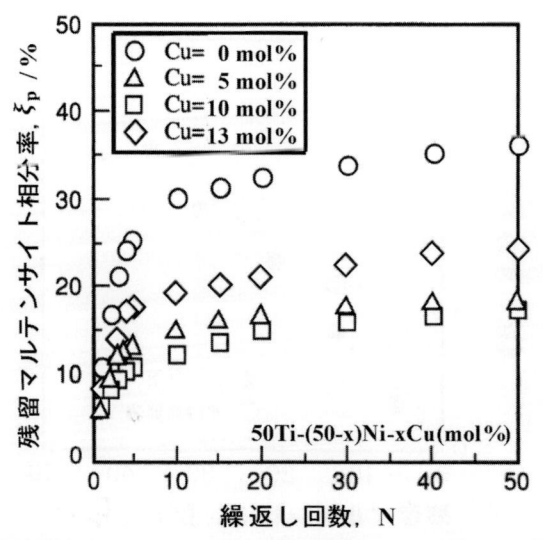

図 2-4　Ti-Ni-Cu 形状記憶合金における繰返し回数の増加に伴う残留マルテンサイト相分率の変化

$$\xi_{\mathrm{f}} = \exp\left\{a_{\mathrm{f}}\left(\theta - A_{\mathrm{sf}}\right)\right\} \tag{2-15}$$

ここで、a_{f} は材料パラメータ、A_{sf} は予ひずみ負荷後の逆変態開始温度であり、それぞれ予ひずみの関数とする。

(3) 拘束昇温過程

マルテンサイト相状態で予ひずみを負荷した後除荷し、ひずみを拘束したまま昇温する場合は、式（2-2）においてひずみ変化 $\dot{\varepsilon}=0$ で逆変態開始条件（$t=t_{\mathrm{s}}$）から逆変態終了条件（$t=t_{\mathrm{f}}$）まで積分することにより、応力–ひずみ関係は以下の式（2-16）で表すことができる。

$$\Delta\sigma = \int_{t_{\mathrm{s}}}^{t_{\mathrm{f}}} h\left(\dot{\xi}\right)dt = X_{\mathrm{c}}\Delta\xi_{\mathrm{c}} \tag{2-16}$$

ここで、X_{c} は変態ひずみに対応する材料パラメータであり、予ひずみの関数とする。また、逆変態過程の変態カイネティックスは式（2-15）と同様に式（2-17）で表すことができる。

$$\xi_{\mathrm{c}} = \exp\left\{a_{\mathrm{c}}\left(\theta - A_{\mathrm{sc}}\right)\right\} \tag{2-17}$$

ここで、a_{c} は材料パラメータ、A_{sc} は予ひずみ負荷後の逆変態開始温度であり、それぞれ予ひずみの関数とする。

2.2.3　予ひずみ負荷後の変態温度

(1) 非拘束昇温

非拘束昇温試験により求めた予ひずみ付与後の逆変態開始温度 A_{sf} および逆変態終了温度 A_{ff} は、**図 2-5** に示すようにいずれも予ひずみの増加に伴い上昇する[12]。予ひずみを付与することにより、材料内に蓄えられた弾性ひずみエネルギが解放されたことによるものである。そこで、予ひずみ付与によって上昇した各変態温度の増分をそれぞれ ΔA_{sf} および ΔA_{ff} とすると、逆変態開始温度 A_{sf} および逆変態終了温度 A_{ff} はそれぞれ予ひずみの関数として式（2-18）、式（2-19）で表すことができる。

$$A_{\mathrm{sf}} = A_{\mathrm{s}} + \Delta A_{\mathrm{sf}} \tag{2-18}$$

$$A_{\mathrm{ff}} = A_{\mathrm{f}} + \Delta A_{\mathrm{ff}} \tag{2-19}$$

(2) 拘束昇温

ひずみを拘束して昇温すると、予ひずみに対する逆変態終了温度の増加は、**図 2-6** に示すように非拘束の場合に比べて大きくなる[12]。

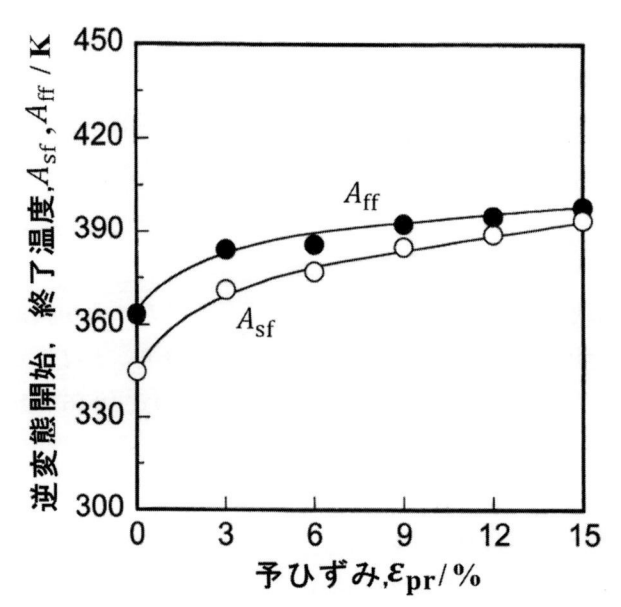

図 2-5　非拘束昇温における逆変態温度の予ひずみに対する変化

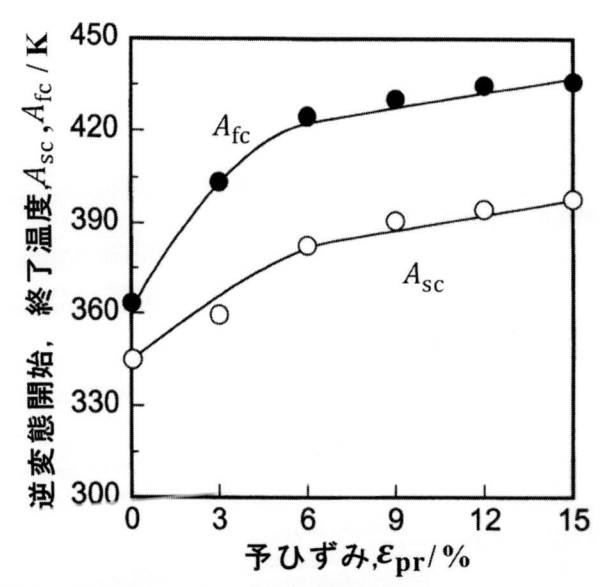

図 2-6　拘束昇温における逆変態温度の予ひずみに対する変化

　ひずみを拘束して昇温すると、試料には回復応力が発生する。この回復応力は形状回復の逆方向の力として試料に作用するため、逆変態の抵抗となることにより逆変態終了までには大きな駆動力が必要となる。このために、非拘束昇温に比べて拘束昇温の場合には逆変態終了温度が大きく上昇する。

　そこで、予ひずみ付与によって上昇した各変態温度の増分をそれぞれ ΔA_{sc} および ΔA_{fc} と

すると、逆変態開始温度 A_{sc} および逆変態終了温度 A_{fc} はそれぞれ予ひずみの関数として式（2-20）、式（2-21）で表すことができる。

$$A_{sc} = A_s + \Delta A_{sc} \tag{2-20}$$

$$A_{fc} = A_f + \Delta A_{fc} \tag{2-21}$$

2.3 材料パラメータの同定

2.3.1 非拘束昇温試験

図 2-7 に、非拘束昇温試験における応力－ひずみ関係の模式図を示す。変態終了温度（M_f 点）に対して試験片を $M_f - 30K$ まで冷却した後、試験温度 $T_a = A_s - 20K$ において予ひずみ ε_{pr} を負荷、除荷（O → A → B）した後、ひずみを拘束せずに昇温（B → C）する。図 2-8 に示す昇温時のひずみ－温度関係から予ひずみ負荷後の変態温度 A_{sf} および A_{ff} を求める。

次に、残留マルテンサイト相分率 ξ_p は、図 2-7 中の C 点において $A_{ff} + 20K$ まで昇温後、再び 1% 程度負荷（C → D）し、負荷過程の応力－ひずみ線図の傾きからみかけの弾性定数 E_L を求め、式（2-12）より ξ_p を算出する。

2.3.2 拘束昇温試験

図 2-9 に、拘束昇温試験における応力－ひずみ関係の模式図を示す。試験片を $M_f - 30K$ まで冷却した後、試験温度 $T_a = A_s - 20K$ において予ひずみ ε_{pr} を負荷（O → A）した後、除荷（A → B）し、ひずみを拘束したまま昇温（B → C）する。図 2-10 に示す昇温時の応力－温度関係から予ひずみ負荷後の変態温度 A_{sc} および A_{fc} を求める。

残留マルテンサイト相分率 ξ_p は、図 2-9 中の C 点において、昇温状態を保持したまま除

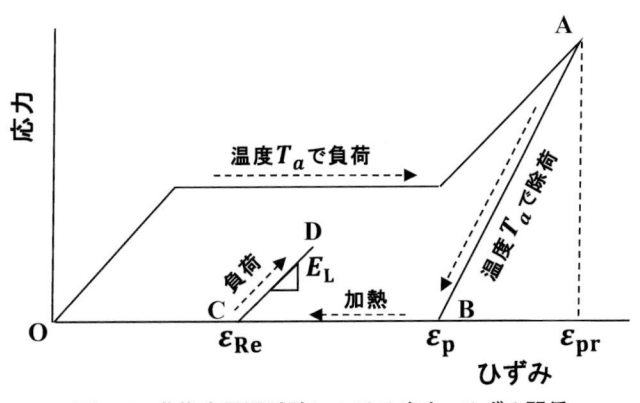

図 2-7 非拘束昇温試験における応力－ひずみ関係

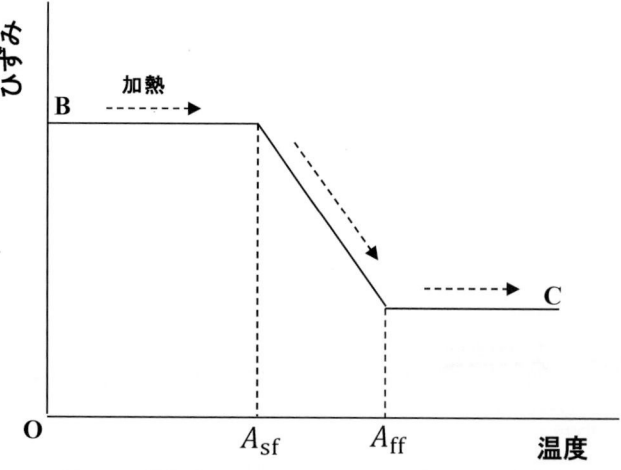

図2-8　非拘束昇温試験におけるひずみ－温度関係

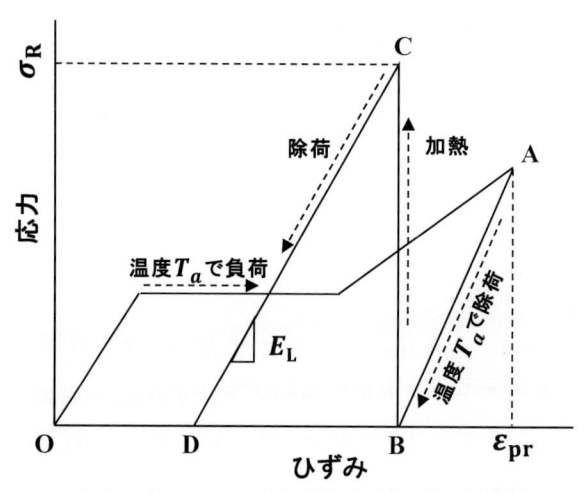

図2-9　拘束昇温試験における応力－ひずみ関係

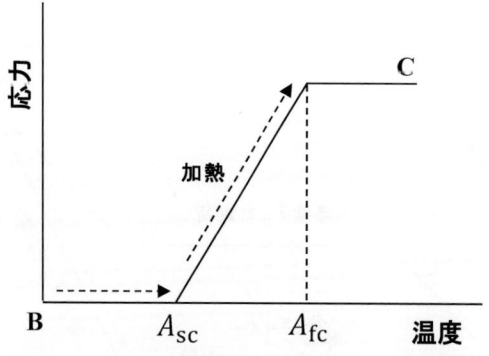

図2-10　拘束昇温試験における応力－温度関係

荷（C → D）し、除荷過程の応力–ひずみ線図の傾きからみかけの弾性定数 E_L を求め、式（2-12）より ξ_p を算出する。

2.3.3　応力–ひずみ関係

　応力–ひずみ関係における材料パラメータは、マルテンサイト相状態で引張試験により求める。Ti-50Ni（mol%）に対する材料パラメータを**表 2-1** に示す。同表に示した材料パラメータを用いて式（2-3）〜式（2-6）によりマルテンサイト相における負荷・除荷過程の応力–ひずみ関係を記述する。**図 2-11** に予ひずみ ε_{pr} を 3%〜15% まで負荷した後、除荷したときの応力–ひずみ関係について試験結果（図中の実線）と計算結果（図中の○印）を示す。

　計算結果は、それぞれの領域において、負荷過程および除荷過程の変形挙動を良好に再現できる。

　また、除荷後の残留ひずみ ε_p は、式（2-7）より求めることができる。計算結果と試験結果を予ひずみとの関係で**図 2-12** に示す。予ひずみ ε_{pr} の増加に対する残留ひずみ ε_p の増加をよく表せている。

表 2-1　材料パラメータ（Ti-50mol%Ni）

EM (GPa)	S (GPa)	S' (GPa)	F (GPa)	n	ε_1	ε_2	ε_3
21.4	-20.6	-14.3	33.2	-0.475	0.0058	0.0697	0.11

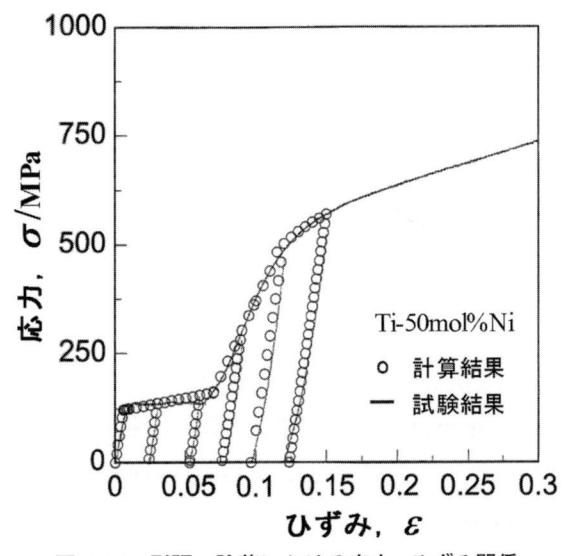

図 2-11　引張，除荷における応力–ひずみ関係

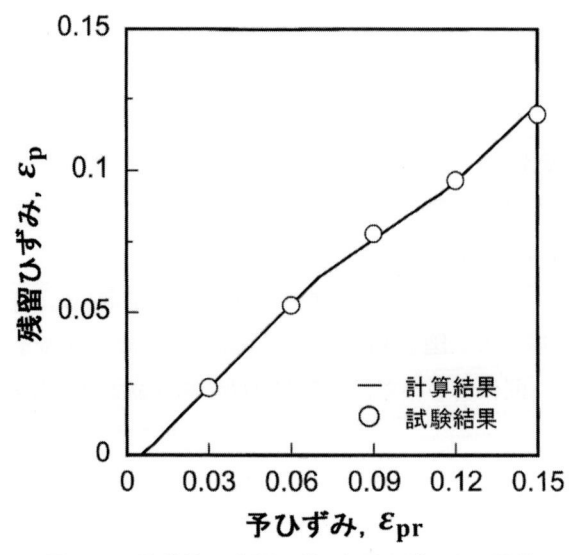

図 2-12　除荷後の残留ひずみと予ひずみとの関係

2.3.4　非拘束昇温過程

　図 2-7 に示した方法で、予ひずみ負荷後の逆変態温度の変化量を求めた結果を**図 2-13** に示す。

　逆変態開始温度 ΔA_{sf} および逆変態終了温度 ΔA_{ff} をそれぞれ予ひずみの関数として近似式を求めると式（2-22）、式（2-23）となる。

$$\Delta A_{\text{sf}} = 12.6\ln(\varepsilon_{\text{pr}}) + 70.3 \tag{2-22}$$

$$\Delta A_{\text{ff}} = 8.73\ln(\varepsilon_{\text{pr}}) + 49.9 \tag{2-23}$$

　ここで、式（2-22）および式（2-23）は、$\varepsilon_{\text{pr}} = \varepsilon_1$ のとき $\Delta A_{\text{sf}} = 6.3\text{K}$、$\Delta A_{\text{ff}} = 5.0\text{K}$ として求めた。図 2-13 には式（2-22）および式（2-23）を破線で示してある。

　次に式（2-13）における係数 X_{f} は、式（2-24）により求める。

$$X_{\text{f}} = \frac{\Delta\varepsilon_{\text{R}}}{\left\{\dfrac{\xi_{\text{f}}(A_{\text{ff}})}{E_{\text{L}}} - \dfrac{\xi_{\text{f}}(A_{\text{sf}})}{E_{\text{M}}}\right\}} \tag{2-24}$$

　ここにおいて、温度、マルテンサイト相分率はそれぞれ $\theta = A_{\text{ff}}$、$\xi = \xi_{\text{f}}$ であり、試験により求める。そこで、係数 X_{f} を予ひずみとの関係で示すと**図 2-14** を得る。

　次に、$\varepsilon_{\text{pr}} = \varepsilon_1$ のとき $X_{\text{f}} = 0$ として X_{f} を予ひずみ ε_{pr} の関数として近似式を求めると式（2-25）となり、図 2-14 に破線で示す。

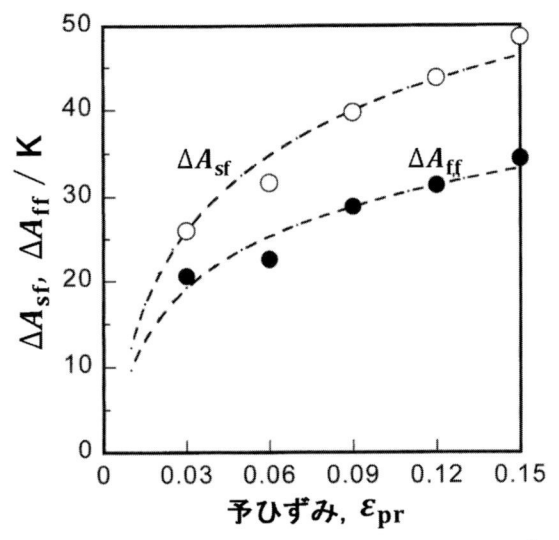

図 2-13　非拘束昇温過程における逆変態温度の変化量と予ひずみとの関係

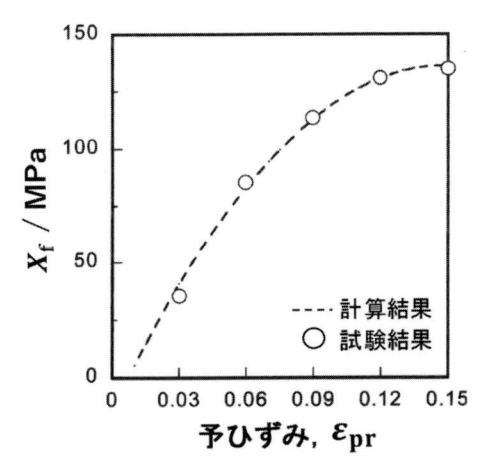

図 2-14　非拘束昇温過程における係数 Xf と予ひずみ εpr との関係

$$X_{\mathrm{f}} = -6.92 \times 10^3 \varepsilon_{\mathrm{pr}}^2 + 2.04 \times 10^3 \varepsilon_{\mathrm{pr}} - 14.2 \tag{2-25}$$

　式（2-15）における係数 a_{f} も同様に逆変態終了時の条件 $\theta = A_{\mathrm{f}}$、$\xi = \xi_{\mathrm{f}}$ を代入することにより、以下の式（2-26）により求まる。

$$a_{\mathrm{f}} = \frac{\ln \xi_{\mathrm{f}}}{A_{\mathrm{ff}} - A_{\mathrm{sf}}} \tag{2-26}$$

　予ひずみ $\varepsilon_{\mathrm{pr}}$ に対する係数 a_{f} を**図 2-15** に示す。同図から係数 a_{f} を予ひずみ $\varepsilon_{\mathrm{pr}}$ の関数として近似式を求めると式（2-27）となり、同図に破線で示す。

$$a_\mathrm{f} = -27.2\varepsilon_\mathrm{pr}^2 + 3.99\varepsilon_\mathrm{pr} - 0.529 \qquad (2\text{-}27)$$

次に、昇温過程でのひずみ–温度関係は式（2-14）に逆変態開始から温度 θ までの条件を代入することにより、下記の式（2-28）で表すことができる。

$$\varepsilon = \varepsilon_\mathrm{p} + X_\mathrm{f}\left\{\frac{\xi_\mathrm{f}(\theta)}{E_\mathrm{L}} - \frac{\xi_\mathrm{f}(A_\mathrm{sf})}{E_\mathrm{M}}\right\} \qquad (2\text{-}28)$$

Ti–50mol%Ni に対する予ひずみ $\varepsilon_\mathrm{pr}=6$ および 12%におけるひずみ–温度関係の試験結果と計算結果を図 2-16 に示す。計算結果は、昇温に伴う形状回復挙動を良好に再現できていることがわかる。また、残留マルテンサイト相分率を考慮することにより、逆変態終了温度 A_ff 以上まで昇温後の残留ひずみも良好に表せている。

また、式（2-14）から求めた回復ひずみ量を図 2-7 に示した除荷後の見かけの残留ひずみ

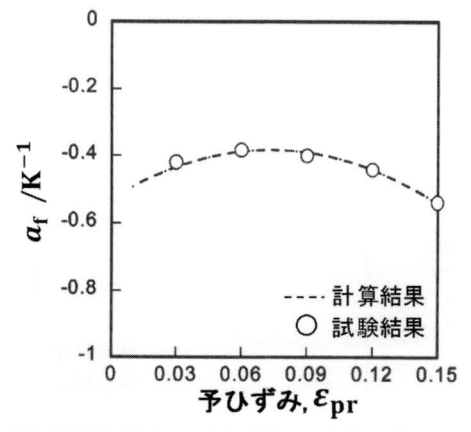

図 2-15　非拘束昇温過程における係数 αf と予ひずみ εpr との関係

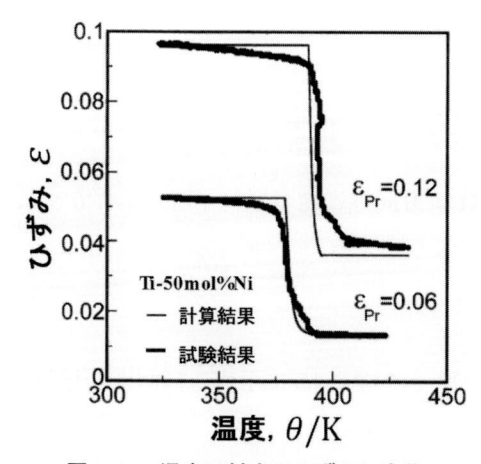

図 2-16　温度に対するひずみの変化

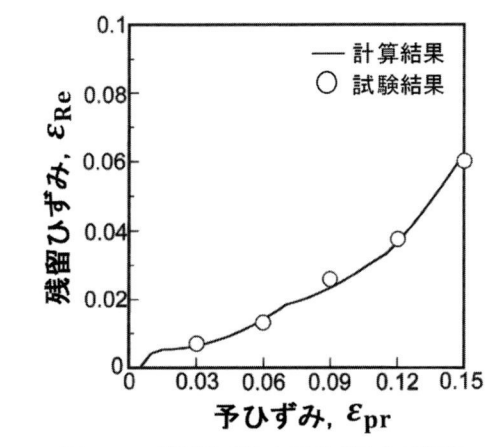

図 **2-17**　残留ひずみと予ひずみとの関係

ε_p から引くことにより、昇温後の残留ひずみ ε_{Re} は、次式（2-29）で表すことができる。

$$\varepsilon_{Re} = \varepsilon_p + X_f \left\{ \frac{\xi_f(A_{ff})}{E_L} - \frac{\xi_f(A_{sf})}{E_M} \right\} \tag{2-29}$$

図 2-17 に昇温後の残留ひずみ ε_{Re} と予ひずみ ε_{pr} との関係を示す。

2.3.5　拘束昇温過程

　ひずみを拘束した場合は、非拘束の場合と同様に予ひずみ負荷後の変態温度の変化量 ΔA_{sc} および ΔA_{fc} を拘束昇温試験により求める。**図** 2-18 にそれぞれの変化量を予ひずみ ε_{pr} との関係で示す。同図から、$\varepsilon_{pr} = \varepsilon_1$ のとき $\Delta A_{sc} = 5.2\mathrm{K}$ および $\Delta A_{fc} = 9.7\mathrm{K}$ としてそれぞれの変化量を予ひずみの関数として近似式を求めると、式（2-30）および式（2-31）となる。

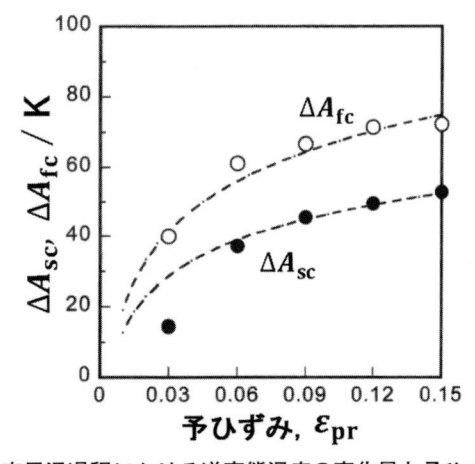

図 **2-18**　拘束昇温過程における逆変態温度の変化量と予ひずみとの関係

$$\Delta A_{sc} = 14.6\ln(\varepsilon_{pr}) + 80.1 \tag{2-30}$$

$$\Delta A_{fc} = 20.0\ln(\varepsilon_{pr}) + 114 \tag{2-31}$$

図 2-18 には近似式を破線で示してある。

拘束昇温過程の応力–温度関係は、式（2-16）を予ひずみ負荷後の逆変態開始温度 Asc から温度 θ まで積分することにより、下記の式（2-32）で表すことができる。

$$\sigma = X_c \left\{ \xi_c(\theta) - \xi_c(\theta A_{sc}) \right\} \tag{2-32}$$

ここで、係数 X_c および a_c は、実験より求めた逆変態終了時の条件 $\theta = A_{fc}$、$\xi = \xi_c$ を与えることにより次式（2-33）および式（2-34）で表すことができる。

$$X_c = \frac{\sigma_R}{\xi_c(A_{fc}) - \xi_c(A_{sc})} \tag{2-33}$$

$$a_c = \frac{\ln\xi_c}{A_{fc} - A_{sc}} \tag{2-34}$$

式（2-33）および式（2-34）により求めた係数 X_c および a_c についてそれぞれ予ひずみ ε_{pr} との関係で図 2-19 および図 2-20 に示す。そこで、$\varepsilon_{pr} = \varepsilon_1$ のとき $X_c = 0$、$A_{fc} = 372.0K$、$A_{sc} = 348.3K$、$\xi_c = 0.03$ として予ひずみの関数として係数 X_c および a_c の近似式を求めると次の式（2-35）および式（2-36）となる。これらの式により求めた近似曲線を図 2-19 および図 2-20 に破線で示してある。

$$X_c = -2.31\times10^5\varepsilon_{pr}^3 + 9.19\times10^4\varepsilon_{pr}^2 - 1.22\times10^4\varepsilon_{pr} + 52.7 \tag{2-35}$$

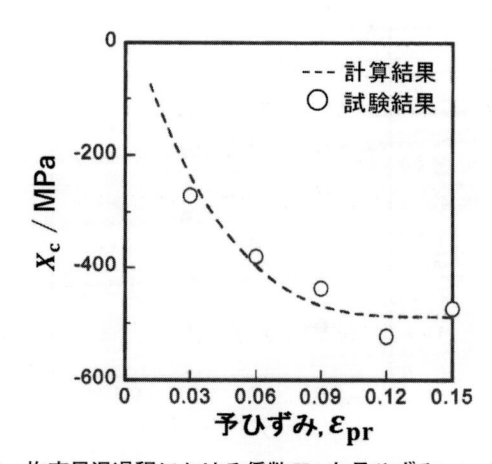

図 2-19　拘束昇温過程における係数 Xc と予ひずみ εpr との関係

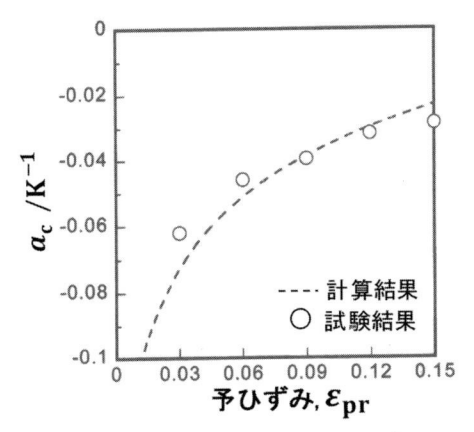

図 2-20　拘束昇温過程における係数 **af** と予ひずみ ε**pr** との関係

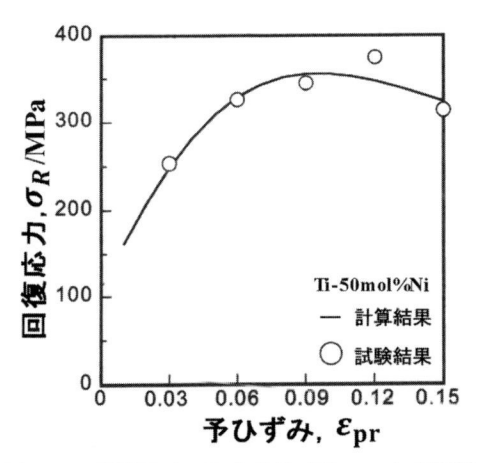

図 2-21　回復応力 σ**R** と予ひずみ ε**pr** との関係

$$a_c = 3.07 \times 10^{-2} \ln(\varepsilon_{pr}) + 3.54 \times 10^{-2} \tag{2-36}$$

　また、逆変態終了温度まで加熱昇温したときの回復応力 σ_R は、式（2-32）に式（2-31）から求めた A_{fc} を代入することにより求まる。

　図 2-21 に計算および試験により求めた回復応力 σ_R を予ひずみとの関係で示す。回復応力は予ひずみの変化に対して極大値をもつ変化を示し、計算結果はその変化を良好に表している。

2.3.6　逆解析による材料パラメータの同定方法

　2.2 で述べた構成式中の諸係数や材料パラメータを同定するためには、対象とする SMA に対し、変態・逆変態温度、応力–ひずみ関係を求める多くの試験を行う必要がある。

　そこで、こうした多数の試験を必要とせず、材料パラメータを同定する方法が吉田[13]ら

の研究で報告されている。ここでは、逆解析によるパラメータの同定法の概略を紹介する。

構成式中の材料パラメータをベクトル $x \in R^N$ で与える。このとき次式の目的関数 $F(x)$ を最小とするベクトル x を決定する[14]。

$$F(x) = \sum_{\alpha=1}^{L} \theta^\alpha F^\alpha(x) \; : \; A_i \leq x_i \leq B_i \quad (i = 1,\ldots,N) \tag{2-37}$$

ここで、A_i、B_i は x_i の探索領域の下限および上限であり、L は実験で得られる互いに独立な過程（α）における非弾性応答データ群の総数であり、θ^α は各過程 α の応答に対する重みである。

次式 $F^\alpha(x)$ は、実験における離散的履歴パラメータ τ_s^α における実験値 R_s^α と対応する解析値 $R^\alpha(x, \tau_s^\alpha)$ の自乗偏差であり次元関数である。

$$F^\alpha(x) = \left\{ \sum_{s=1}^{S_\alpha} \left[R_s^\alpha - R^\alpha(x, \tau_s^\alpha) \right]^2 \right\} / \left\{ \sum_{s=1}^{S_\alpha} \left[R_s^\alpha \right]^2 \right\} \tag{2-38}$$

ここで、

τ^α：観測時刻や負荷などの実験における履歴パラメータ

τ_s^α：$\alpha = 1, \ldots, L, s = 1, \ldots, S$ における履歴パラメータの値（ひずみ値）

R_s^α：試験における履歴パラメータの値に対応する試験値（応力値）

$R^\alpha(x, \tau_s^\alpha)$：試験値に対応する解析値（応力値）

である。

式（2-37）は以下のような特徴がある。

① 目的関数 $F(x)$ は、パラメータ x の陰関数となる。

② 解析値 $R^\alpha(x, \tau_s^\alpha)$ は、数値計算（たとえば FEM）により求めるため、計算時間が長い。

③ 目的関数 $F(x)$ は、数値計算により求めるため、パラメータ x に対して、なめらかな関数とはならない。

上記の特徴は、最適化問題を困難にしている。そこで、陰関数 $F(x)$ を次式（2-39）に示す単純な形の陽関数で近似し、この関数を最小化するパラメータ x を探索する多点近似法（iterative multipoint approximation concept）[15]を用いる。

$$\tilde{F}^\alpha(x, a^\alpha) = a_0^\alpha + \sum_{i=1}^{N} \left(a_{2(i-1)+1}^\alpha x_i + a_{2(i-1)+2}^\alpha x_i^2 \right) \tag{2-39}$$

式（2-40）による最適化のアルゴリズムは以下の通りである。

① k 番目の繰返し計算において同定すべきパラメータ x の探索領域 $A_i \leq A_i^k \leq x_i \leq B_i^k \leq B_i$ を設定し、この領域内においてパラメータの試行値 $x_p (p = 1, \ldots, P)$ に関する最小二乗法を用いて元の関数 $F^\alpha(x_p)$ と近似関数 $F^\alpha(x, a^\alpha)$ の二乗差 $G^\alpha(a^\alpha)$ を最小化するような係数 a^α を求める。

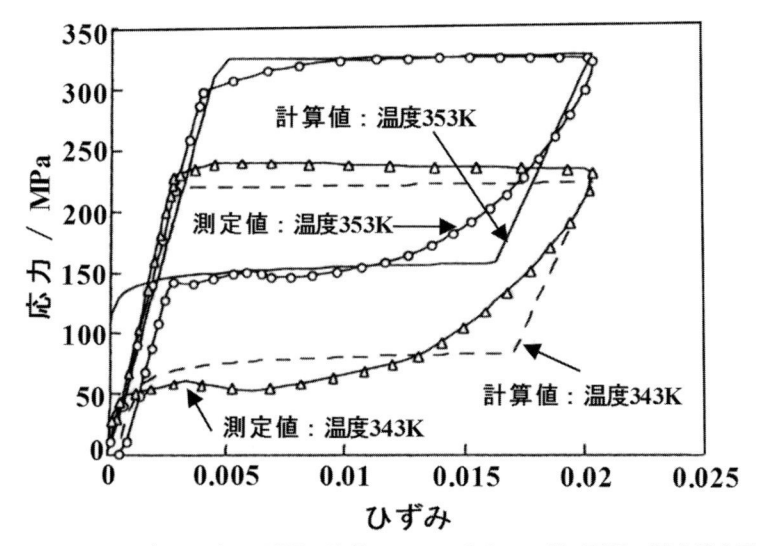

図 2-22　Ti-41.7Ni-8.5Cu（mol%）の引張・除荷における応力−ひずみ関係の測定値と計算値との比較

$$G^{\alpha}\left(\boldsymbol{a}^{\alpha}\right)=\sum_{p=1}^{P}\omega_{p}^{\alpha}\left\{F^{\alpha}\left(\boldsymbol{x}_{p}\right)-\tilde{F}^{\alpha}\left(\boldsymbol{x}_{p},\boldsymbol{a}^{\alpha}\right)\right\}^{2} \tag{2-40}$$

②　近似関数 $F^{\alpha}(\boldsymbol{x},\boldsymbol{a}^{\alpha})$ の値が最小となるようなパラメータ $\boldsymbol{x}$ の組を求める。

③　近似関数 $F^{\alpha}(\boldsymbol{x},\boldsymbol{a}^{\alpha})$ の値が最小となる点を中心に、探索領域を縮小して①に戻る。

①から③の過程を繰返すことにより、目的関数の値が十分小さくなるか、領域の変更ができなくなった時点で探索を終了する。

図 2-22 に、Ti-41.7-8.5Cu（mol%）に対する引張、除荷試験における応力−ひずみ関係の試験結果と解析結果を比較したものを示す。計算結果はほぼ測定結果をよく再現している。この解析では、DSC 等の測定をせずに変態（マルテンサイト）開始温度や逆変態（オーステナイト）開始温度が同定できることやマルテンサイト相や母相（オーステナイト相）の弾性係数等が同定できる。

2.4　シミュレーション

2.4.1　位置決め制御システム

（1）位置決め制御装置

　シミュレーションする対象は、試作した位置決め制御システムにより行った。**図 2-23** に制御システムの構成概略図を示す。制御方法は抵抗値制御方式を採用している。形状記憶合金（以下、SMA）ワイヤーの一端を固定して垂直に垂らし、他端には重錘を取り付け、外部負荷とした。SMA に制御回路により制御電流を通電してジュール熱を発生させて加熱し、形状回復させ上下往復運動をさせている。この上下往復運動による位置の変化をレー

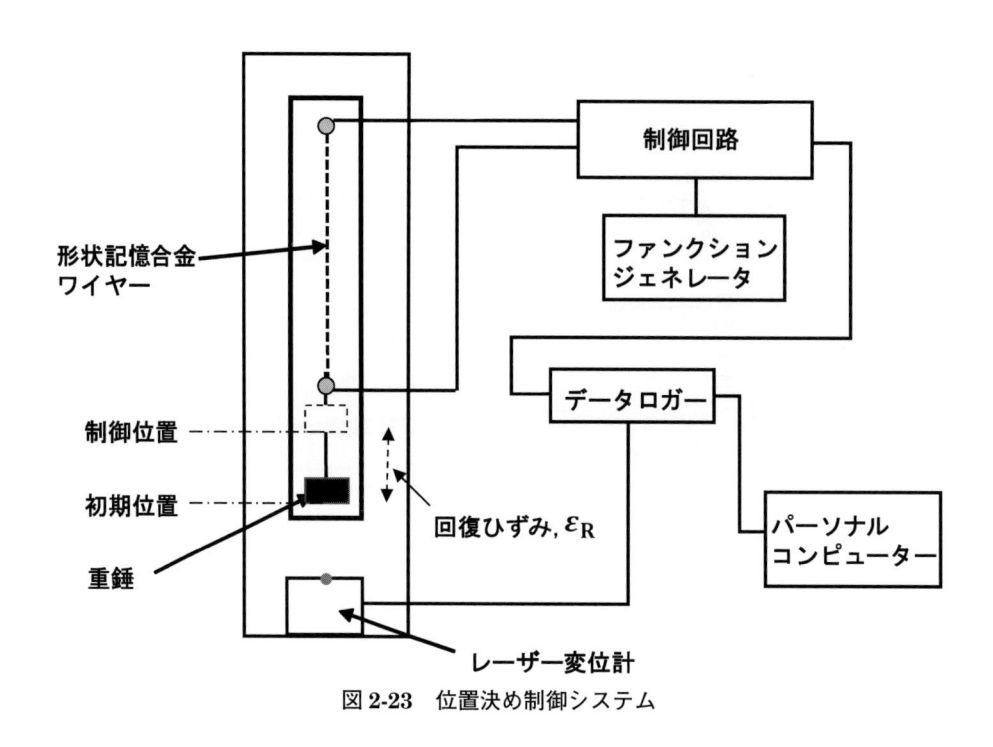

図 2-23　位置決め制御システム

ザ変位計にて計測し、データロガーにて収集、変位としてコンピューターに記録する。位置決めのための位置情報となる目標抵抗値は、指令電圧としてファンクションジェネレータによって発生させ、制御回路に入力し抵抗値に変換する。

(2) 抵抗値フィードバック制御方式

　アクチュエータの位置制御を行うためには通常、位置情報を感知するセンサが必要となるが、SMA を用いたアクチュエータは、駆動素子となる SMA 自体がセンサ機能を有するためセンサが不要となる。SMA アクチュエータでは、SMA の相変態により電気抵抗値が変化するという電気抵抗特性が利用されている。しかし、昇温過程と降温過程での回復ひずみの差であるヒステリシスが大きく、同じ回復ひずみでも昇温過程と降温過程ではまったく異なる温度になる。このため、回復ひずみ量をアクチュエータの位置とするとき SMA の温度は位置情報としては利用することができない。

　一方、電気抵抗−ひずみ関係では、昇温過程と降温過程のヒステリシスは小さく、昇温過程と降温過程において同じ回復ひずみをとるとき、電気抵抗値もそれぞれでほぼ同じ値をとる。したがって、電気抵抗値は SMA アクチュエータの位置情報として利用が可能である。

　SMA の電気抵抗特性をセンサとして用いた位置制御システムとして、これまでに電気抵抗値フィードバックによる PID 制御を使用した位置制御システムなどが報告されてき

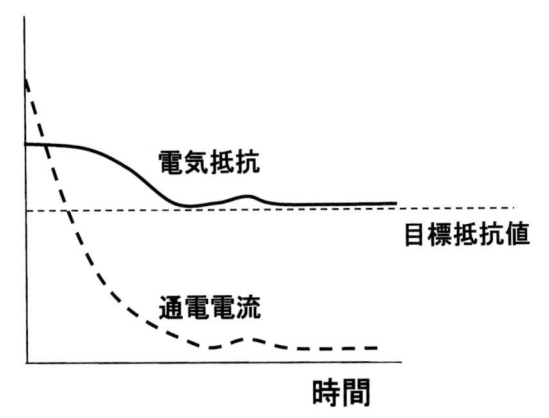

図 **2-24**　電気抵抗と通電電流

た[16]-[20]。しかし、これらの位置制御システムでは 2 点間を行き来する動作を制御することしかできなかった。そこで、動作中に任意の位置での停止・保持が可能な抵抗値検知 OFF タイム制御方式が提案された[21]。このシステムの特徴は、OFF 時間（通電停止時間）を用いたことである。SMA の抵抗値は通電加熱による相変態に伴い低下する負性抵抗値特性をもつ。この抵抗値が制御位置の位置情報である抵抗値に一致したときに、目標の抵抗値を下回らないように SMA への通電加熱を停止し、自然冷却する。冷却によって抵抗値が上昇してくると、再度通電加熱を開始する。このように通電と通電停止を繰返すことによって抵抗値を目標抵抗値と一致させるように働き、位置の保持を行う。この位置保持のための通電停止時間が OFF 時間である。さらに SMA の抵抗値の変化にはわずかなヒステリシスが存在するため複数の領域に分け、それぞれで OFF 時間が異なるように設定している。目標抵抗値は、印加される定電流との乗算を行った電圧（指令電圧）として与えられる。

　上記で述べた抵抗値検知 OFF タイム制御方式では、電流の ON、OFF に伴う変位の変動が大きいという欠点がある。この問題を解決する方法として、本位置制御システムでは抵抗値フィードバック制御方式を採用している。この方式は、抵抗値検知 OFF タイム制御方式では定電流の ON、OFF によって行っていた温度制御を、通電電流を制御することによって行うものである。電気抵抗値と制御電流の関係の概略を**図 2-24** に示す。また抵抗値フィードバック制御方式の制御回路の概略を**図 2-25** に示す。SMA の両端電圧と通電量を検出してデバイダによって除算し現在の抵抗値を計算し、その抵抗値と目標抵抗値の差を計算し電流量を制御している。現在の抵抗値が目標抵抗値に近づくにつれて、通電電流を減少させるように制御している。

（3）制御電流

　図 2-25 に示した制御回路では、現在の抵抗値 R と制御抵抗値 R_t との差が小さくなるに

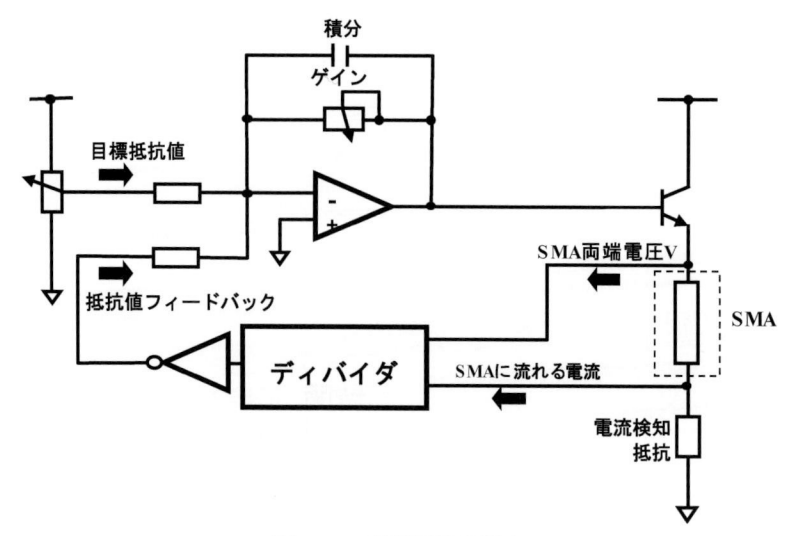

図 2-25　制御回路の概略

伴い、流れる電流が減少するように PI 制御されている。そこで、R と R_t との差を $\Delta R(t)$、比例ゲインおよび積分ゲインをそれぞれ K_p、K_I として通電電流 i を次式 (2-41) で求めている。

$$i = K_p \Delta R(t) + K_I \int_0^t \Delta R(\tau) d\tau \tag{2-41}$$

2.4.2　関係式

（1）エネルギモデル

　SMA に通電すると、ジュール熱が発生し、同時に環境との温度差による熱伝達により冷却される。また SMA は、マルテンサイト相から母相（オーステナイト相）に逆変態する際に吸熱反応が、逆に母相からマルテンサイト相に変態するときに発熱反応が生じる潜熱を有している。そこで、これらの変態、逆変態に際し、SMA の温度変化を記述するエネルギ変化モデルを次式 (2-42) で表すことにする。右辺第 1 項はジュール熱によるエネルギ変化、第 2 項は環境温度とのエネルギ変化、第 3 項は相変態に伴う潜熱の変化であり、第 4 項は位置エネルギの変化をそれぞれ表している。

$$mC_p \frac{dT}{dt} = Ri^2 - Ah(T - T_a) - m\Delta H \frac{d\xi}{dt} - Mg \frac{dL}{dt} \tag{2-42}$$

　ここで、m、C_p および R は SMA の単位長さ当りの質量、比熱および電気抵抗、T は温度、i は通電電流、A は伝熱面積、h は熱伝達率、T_a は環境温度、H は潜熱、ξ はマルテンサイト相分率、M は重錘の質量、g は重力加速度、L は SMA の長さである。式 (2-42) 中の材料パラメータを表 2-2 に示す。

表 2-2　Ti-41.7Ni-8.5Cu（mol%）合金の物性値と熱的条件

C_p (J/g/K)	h (W/mm^2/K)	m (g)	ΔH (J/g)	T_a (K)
0.3	0.000005	0.4775	17.0	298

表 2-3　変態温度（Ti-41.7Ni-8.5Cu（mol%））

M_f (K)	M_s (K)	A_s (K)	A_f (K)
308.5	318.8	328.7	337.6

表 2-4　材料パラメータ（Ti-41.7Ni-8.5Cu（mol%））

E_A (GPa)	E_M (GPa)	S (GPa)	S' (Gpa)	ε_1	ε_2
63.0	16.5	11.8	6.8	0.003428	0.032

（2）SMA の物性値

　制御システムに用いた SMA の組成は Ti-41.7Ni-8.5Cu（mol%）であり、線径 1mm、長さ 95mm である。各変態温度を**表 2-3** に、材料パラメータを**表 2-4** にそれぞれ示す。

　次に、シミュレーションの対象としている位置制御システムは抵抗値制御を採用している。ところが、SMA の電気抵抗[8]は温度変化に伴う相変態により大きく異なり、母相（オーステナイト相）の電気抵抗はマルテンサイト相に比べて小さい。このために、抵抗値−温度関係では加熱過程と冷却過程との間にはヒステリシスが大きくなるが、抵抗値−ひずみ関係では加熱過程と冷却過程とのヒステリシスは前者に比べてはるかに小さい。さらに、電気抵抗は SMA の加工、熱処理条件により変化し、高加工率、時効処理時間が長いほど電気抵抗は増大する[8]。試験により求めた SMA（加工率 10%）の電気抵抗 R と回復ひずみ ε_R（%）との関係を**図 2-26** に示す。ここで、回復ひずみ ε_R は図 2-23 に示した位置制御システムの回復ひずみに対応する。図 2-26 に示した関係から、電気抵抗 R を回復ひずみ ε_R（%）の関数として近似式を求めた結果を式（2-43）に示す。

$$R = (-0.0089\varepsilon_\mathrm{R} + 0.0777)L \tag{2-43}$$

（3）材料パラメータ

　シミュレーションする位置制御システムは非拘束加熱である。図 2-7 に示した方法で予ひずみ負荷後の逆変態温度の変化量を求めた結果を**図 2-27** に示す。

　そこで、逆変態開始温度 ΔA_sf および逆変態終了温度 ΔA_ff をそれぞれ予ひずみの関数とし

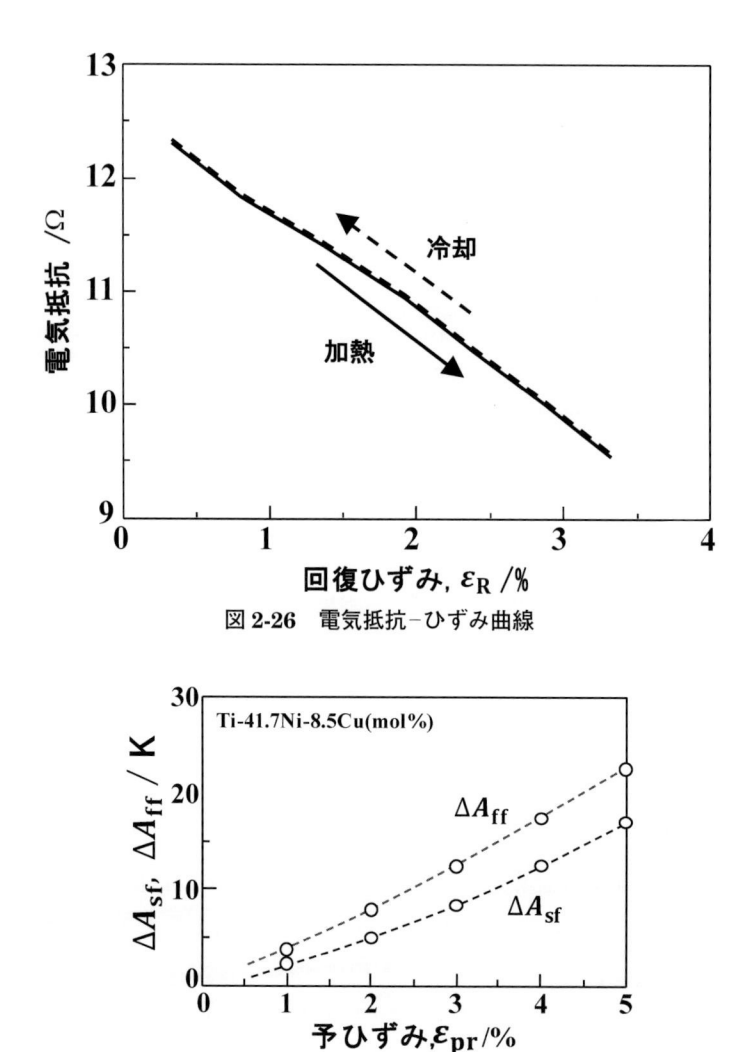

図 2-26　電気抵抗−ひずみ曲線

図 2-27　Ti-41.7Ni-8.5Cu 合金の非拘束昇温過程における逆変態温度の変化量と予ひずみとの関係

て近似式を求めると式（2-44）、式（2-45）となる。ここで、予ひずみ $\varepsilon_{\mathrm{pr}}$ の単位は％である。

$$\Delta A_{\mathrm{sf}} = 0.2857\varepsilon_{\mathrm{pr}}^2 + 1.9857\varepsilon_{\mathrm{pr}} \tag{2-44}$$

$$\Delta A_{\mathrm{ff}} = 0.191\varepsilon_{\mathrm{pr}}^2 + 3.5823\varepsilon_{\mathrm{pr}} \tag{2-45}$$

　構成式中に表れる諸係数および材料定数は 2.3 で述べた試験方法により必要なデータを取得し、予ひずみの関数として定式化する。式（2-25）および式（2-27）に対応する材料パラメータはそれぞれ以下の式となる。ここで、予ひずみ $\varepsilon_{\mathrm{pr}}$ の単位は％である。

$$X_{\mathrm{f}} = -0.6112\varepsilon_{\mathrm{pr}}^2 + 16.06\varepsilon_{\mathrm{pr}} + 99 \tag{2-46}$$

$$a_\mathrm{f} = 0.1185\ln(\varepsilon_\mathrm{pr}) - 0.4632 \tag{2-47}$$

2.4.3　シミュレーションのアルゴリズム

シミュレーションの概略フローチャートを**図 2-28** に示す。

① 　外部負荷に対する予ひずみを計算。

② 　予ひずみの関数となっている構成式中の諸係数や材料パラメータを決定する。

③ 　目標（制御）位置に対応する抵抗値と現在の抵抗値との差を計算し、通電電流を決定する。

④ 　通電電流に対応する SMA の温度をエネルギ式により計算する。

⑤ 　SMA の温度変化にともなう回復ひずみを構成式により求める。

⑥ 　回復ひずみに対応する抵抗値を計算する。

⑦ 　⑥で求めた抵抗値と目標抵抗値との差を計算し、差異が生じた場合は③に戻って通

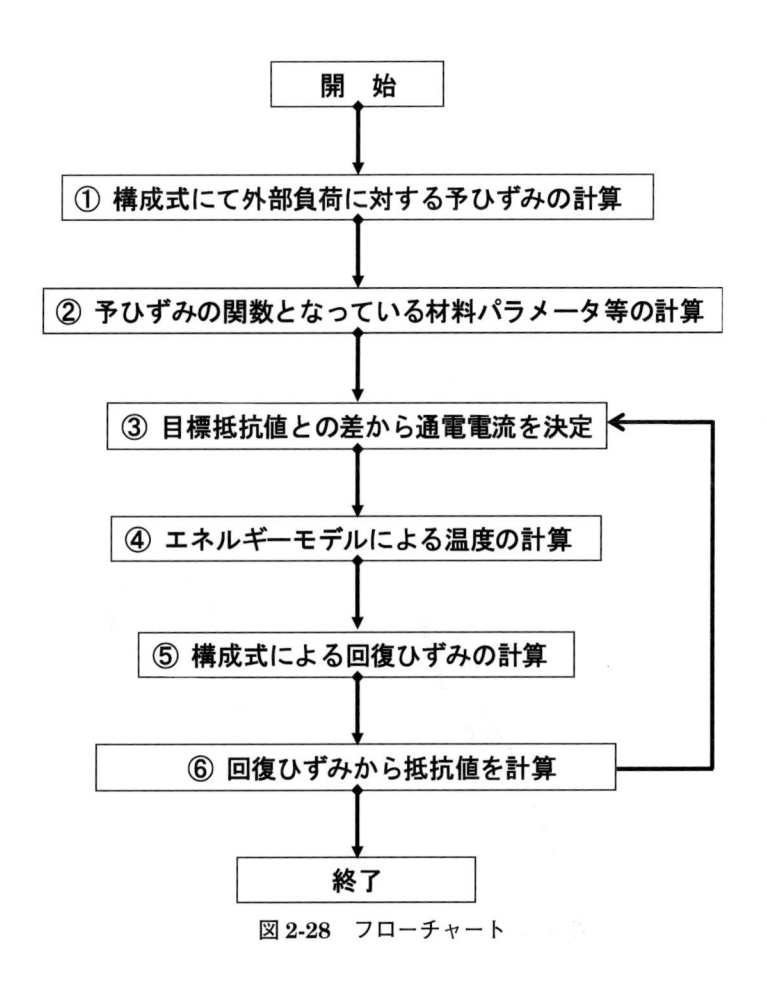

図 2-28　フローチャート

電電流を修正する。

⑧　上記の過程を目標抵抗値との差が許容範囲以内となるまで繰返す。

2.4.4　シミュレーション結果

（1）変位（位置）－時間関係

　図 2-23 の初期位置での重錘による負荷 0.61MPa、指令電圧を 0.738V、制御位置での指令電圧を 0.465V としたときのシミュレーション結果と実測値を図 2-29 に示す。ここで、シミュレーションの記録は 0.005 秒間隔で行っている。図に示すように、位置制御のシミュレーション結果は、ほぼ実測値を再現できている。また、立上り時に制御位置に近づくにともない立上り速度が低下し、プロット間隔が狭くなる様子も再現できている。さらに、立下り時の低ひずみ領域における立下り速度も実測値をほぼ再現できている。

　次に、位置制御時の時間変化に対する電圧変化のシミュレーション結果と実測値の結果を図 2-30 に示す。位置制御の結果と同様に、電圧変化も良好に再現できている。

（2）位置制御時の SMA の温度と通電電流

　図 2-23 に示した位置制御システムは、重錘により所定の変位（予ひずみ）が与えられている。SMA（ワイヤ）に通電することによりワイヤを加熱・昇温し、所定の位置（変位）まで形状を回復させて重錘を上昇させ、所定の位置で保持する。保持中は通電量を調整して抵抗値を制御することにより保持を持続している。

　保持状態から初期位置に戻すのは通電を OFF にすることにより自然冷却により SMA の温度が低下するにともない、重錘によりワイヤが伸ばされ、元の位置に戻る。このときの

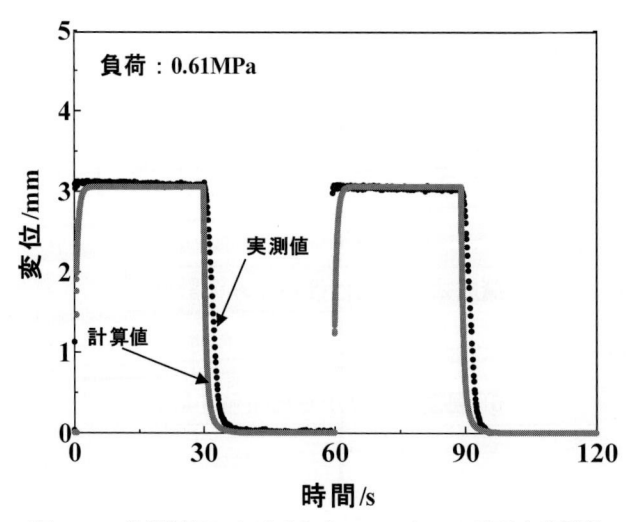

図 2-29　位置制御におけるシミュレーション結果と実測値

※口絵参照

ワイヤの温度および変位の時間変化を図 2-31 に、また、通電電流の時間変化を図 2-32 に示す。通電開始直後にワイヤの温度は逆変態開始温度以上に上昇し、変位の立上り速度は大きく、所定の位置に達する。位置保持中の通電電流は、環境温度との自然冷却によるワイヤの温度低下が最小になるよう通電電流は制御されており、通電電流はほぼ一定である。通電を OFF にするとワイヤの温度がわずか低下すると重錘の荷重により変位は急速に低

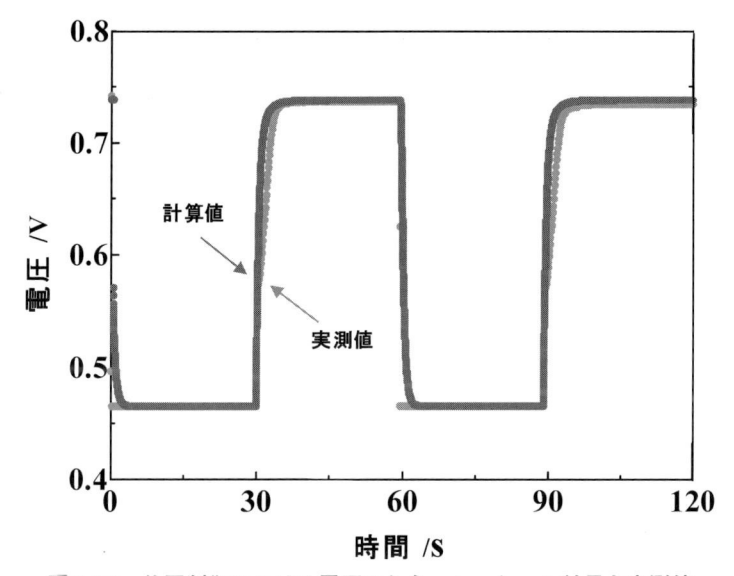

図 2-30　位置制御における電圧のシミュレーション結果と実測値
※口絵参照

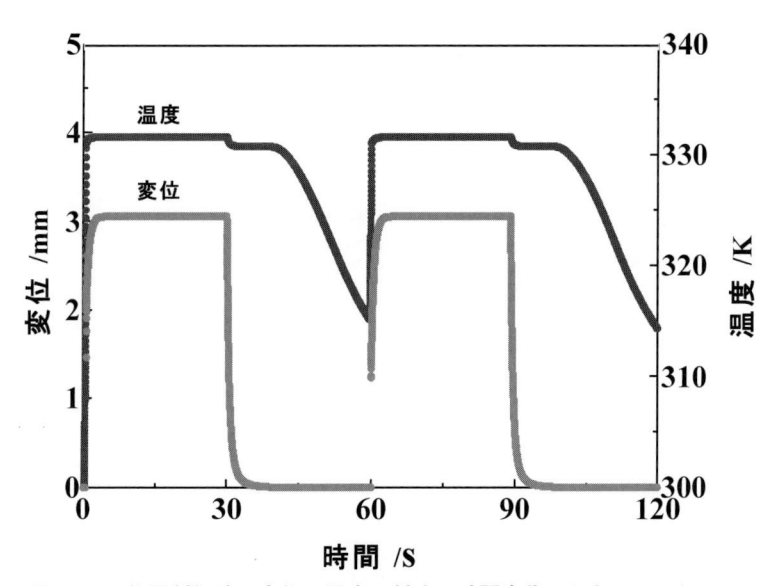

図 2-31　位置制御時の変位，温度に対する時間変化のシミュレーション
※口絵参照

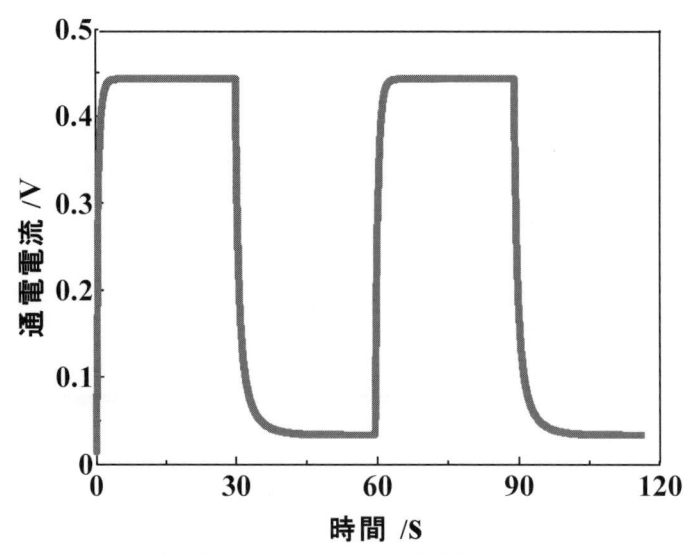

図2-32　位置制御時の通電電流に対する時間変化のシミュレーション

下し、元の位置に戻る。

(3) 位置制御時の相分率の変化

　位置制御時のマルテンサイト相と母相（オーステナイト相）の分率の変化は実験等では調べることができないが、構成式によるシミュレーションではその変化は計算で求まる。**図2-33**に、各相の体積分率の変化を示す。図2-23に示した初期位置では、マルテンサイト相：100％、母相：0％であるが、通電開始（立上り時）直後にはマルテンサイト相が約80％、母相（オーステナイト相）が約20％と両相が混在した状態となり、通電開始から所定の位置での保持状態までマルテンサイト相は減少し、逆に母相（オーステナイト相）は約35％まで増加する。ここで、注意すべきは母相が100％（完全に母相（オーステナイト相））となるまでは加熱しないことである。これは、試料が完全に母相（オーステナイト相）になるまで加熱（昇温）すると高温度域において若干のヒステリシスが生じ、制御誤差の要因となるためである。

(4) 電気抵抗値

　SMAの電気抵抗は、**2.4.2 (2)** で述べたように材料の履歴（加工、熱処理等）や温度および相状態によって異なる。材料の履歴が同一であれば相状態（温度の影響を含む）により異なり、SMAの電気抵抗はマルテンサイト相と母相（オーステナイト相）の体積分率によって決定される[8]。**図2-34**に、回復ひずみから求めた抵抗値とマルテンサイト相と母相（オーステナイト相）の割合および長さの変化から求めた抵抗値を比較したものであり、両

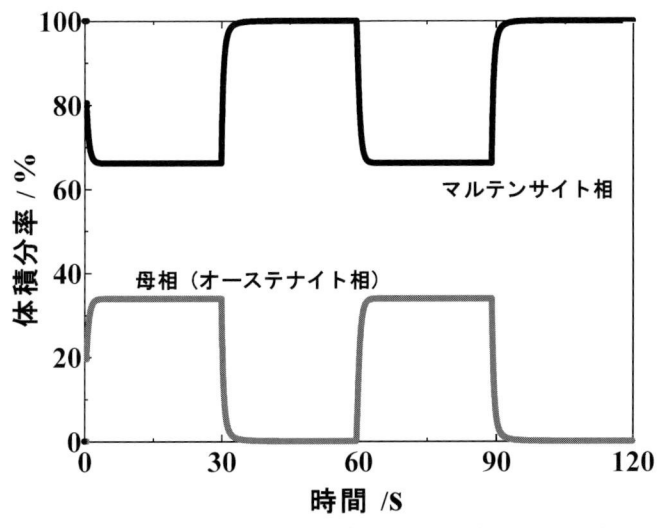

図 2-33　各相の体積分率の時間変化　※口絵参照

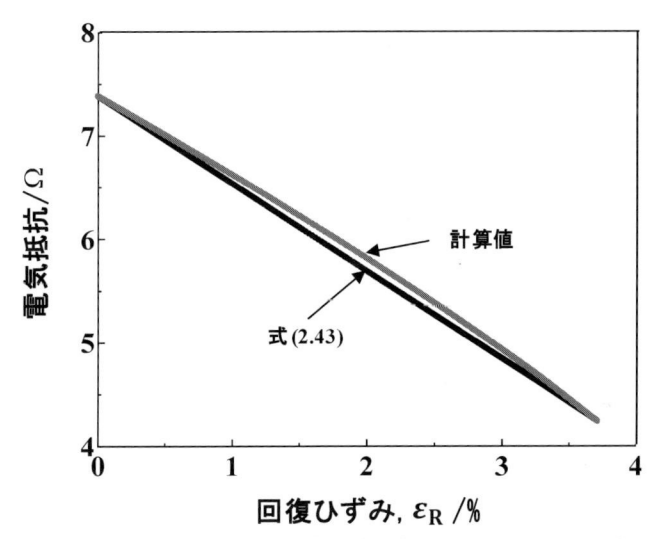

図 2-34　回復ひずみに対する電気抵抗の近似式とシミュレーション結果の比較

者はほぼ一致する。

(5) 外部負荷

　本項の（1）で述べた位置制御−時間関係は、重錘による負荷が 0.61MPa の場合である。そこで、外部負荷が変化した場合のシミュレーションの精度について調べた結果を**図 2-35** および**図 2-36** に示す。それぞれの負荷は、0.83MPa および 0.44MPa である。所定の位置までの立上り時、保持状態および初期位置へ戻る立下り時シミュレーション結果は、ほぼ測定値を良好に再現できている。

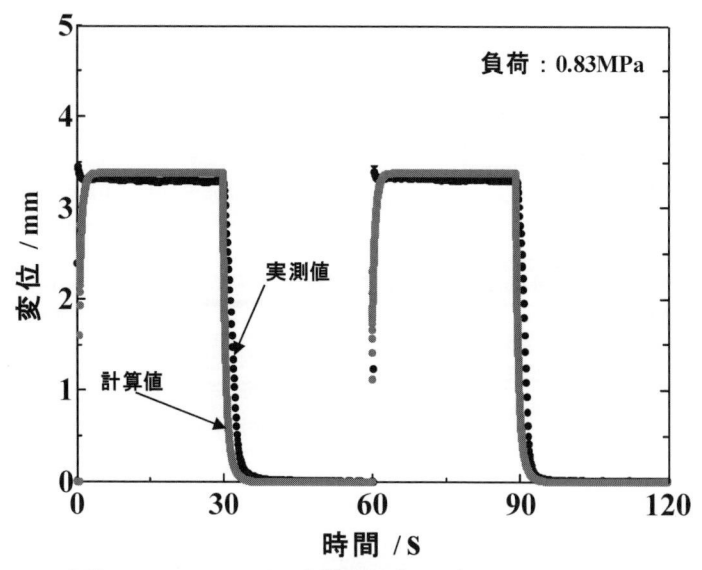

図 2-35　負荷 0.83MPa における位置制御時のシミュレーション結果と実測値

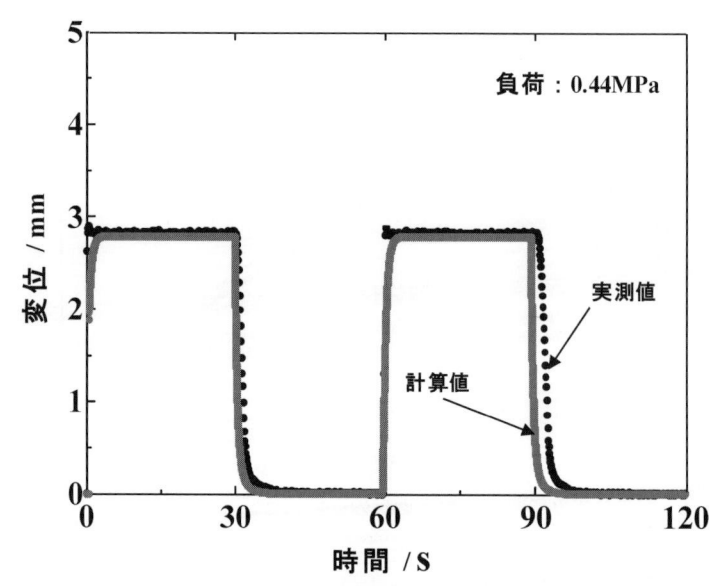

図 2-36　負荷 0.44MPa における位置制御時のシミュレーション結果と実測値

2.5　おわりに

　SMA を利用したアクチュエータでは線材を用いることが多い。そこで、本章では線材を対象とした単軸の引張、除荷等の熱・力学挙動を記述する構成式モデルについて述べた。また、SMA に負荷を与えると材料はダメージを受ける。受けたダメージは SMA の特性変化（変態温度、残留ひずみ、回復応力・ひずみ等）という形で現れる。このために、構成

式モデルでは、SMA の塑性変形等により受けたダメージの大きさの指標となる残留マルテンサイト分率を導入した構成式とした。

　次に、本章で示した構成式モデルに対し、位置制御システムのシミュレーションを行い構成式の精度を検証している。ここで位置制御システムでは、抵抗値フィードバック方式を採用している。さらに、同システムでは外部負荷として死荷重（重錘）を用いているためにエネルギモデル式を導入したシミュレーションを行っている。シミュレーション結果は上述したように測定結果を良好に再現できている。また、測定がきわめて困難な SMA 細線の温度変化や、温度変化に伴う材料中の相分率（マルテンサイト相および母相（オーステナイト相））の変化も推定することができる。

　しかし、本章で示した構成式モデルでは、式中の諸係数等の材料パラメータを同定するためには、多くの試験データを必要とする難点がある。このために、本章では逆解析による材料パラメータの同定法を紹介している。

　最後に、「付録」としてシミュレーションプログラムのソースコードを記載した。

文献
1) 船久保熙康編：形状記憶合金．産業図書(1984)．
2) 宮崎修一，佐久間俊雄，渋谷壽一編：形状記憶合金の特性と応用展開，シーエムシー出版(2001)．
3) 田中喜久昭：日本機械学会論文集，**102**，72(1999)．
4) M. Tokuda, M. Ye, B. Bundara and P. Sitter : *Trans. Jpn. Soc. Mech. Eng.*, **65**, 491(1999).
5) Z. Gang and T. Inoue : *J. Soc. Mat. Sci.*, **32**, 991(1982).
6) 田中喜久昭，佐藤善雄：日本機械学会論文集，**53**，1368(1987)．
7) 戸伏寿昭，田中喜久昭，木村君男，堀 達哉，沢田 隆：日本機械学会論文集，**57**，2753(1991)．
8) 佐久間俊雄，鈴木章彦，竹田悠二，山本隆栄：形状記憶合金 産業利用技術，44，エヌティーエス(2016)．
9) T. Sakuma, Y. Mihara, Y. Ochi and K. Yamauchi : *Meter. Trans.*, **47**, 704(2006).
10) A. Khantachawana and S. Miyazaki : *Trans. MRS-J.*, **28**, 606(2003).
11) T. Sakuma, M. Hosogi, N. Okabe, U. Iwata and K. Okita : *Materiaks Trans.*, **43**, 828(2002).
12) T. Sakuma, Y. Mihara, Y. Ochi and K. Yamauchi : *Mater. Trans.*, **47**, 728(2006).
13) F. Yoshida, V.V. Toropov, M. Itoh, H. Kyogoku and T. Sakuma : *Pro. Second Inter. Conf.*, **150**(1999).
14) V.V. Toropov, F. Yoshida and E. van der Giessen : EUROMECH Colloqium on Material Identification Using Mixed Numerical Experimental Methods, 113(1997).
15) V.V. Toropov, A.A. Filatov and A.A. Polynkin : *Structral Optimization*, **6**, 7(1993).
16) S. Hirose, K. Ikuta, and K. Umetani : *Journal of the Robotics Society of Japan*, **4**, 15(1985).
17) Y. Takeda and T. Sakuma : *Trans. MRSJ*, **31**, 295(2006).
18) K. Kuribayashi : *System & Control*, **27**, 49(1983).
19) K. Kojima, T. Hasegawa and S. Majima : *Trans. Jpn. Soc. Mech. Eng.*, **651**, 20(1999).
20) S. Hirose, K. Ikuta and S. Tsukamoto : *Journal of the Robotics Society of Japan*, **5**, 3(1987).
21) Y. Takeda and T. Sakuma : *Trans. MRSJ*, **31**, 295(2006).

[付録]　シミュレーションプログラムのソースコード

プログラムのソースコードを掲載する。

言語は fortran90，コーディングおよびコンパイルは Intel® Visual Fortran を用いている。

!——————————— グローバル変数設定 ———————————

```
module globalpara
double precision,save::PI=3.14159265                        !円周率
double precision,save::lg=95.0d0                            !SMA 長さ [mm]
double precision,save::d=0.15d0                             !SMA 直径 [mm]
double precision,save::mass=123*(10.0**(-6.0))             !SMA 質量 [g/mm]
double precision,save::cp=300.0*(10.0**(-3.0))            !比熱 [J/g*K]
double precision,save::hc=5.0*(10.0**(-6.0))             !熱伝達係数 [W/(mm**2)*K]
double precision,save::lH=17.0d0                           !潜熱 [J/g]
double precision,save::ta=298.0d0                          !環境温度 [K]
double precision,save::EM=16.5d0                          !M 相ヤング率 [GPa]
double precision,save::EA=63.0d0                          !母相ヤング率 [GPa]
double precision,save::load=0.11d0                         !負荷加重 [kg]
double precision,save::g=9.80665                          !重力加速度 [m/(s**2)]
double precision,save::optv=0.465                         !指令電圧 (下)[V]
double precision,save::opbv=0.738                         !指令電圧 (上)[V]
double precision,save::lasttime=120.0                      !終了時間 [s]
double precision,save::t=0                                 !時間 [s]
double precision,save::h=0.005                            !時間刻み幅 [s]
double precision,save::Tc=298.0                           !初期温度 [K]
double precision,save::si,ep,v
!si= 外部負荷 [MPa],ep= 予ひずみ [%],v= 指令電圧
double precision,save::Ms,Mf,Mds,Mdf,Mfs,Mff
!Ms=Ms 温度,Mf=Mf 温度，Mds= 予ひずみ負荷による Ms の変化量，Mfs= 予ひずみ負荷
後の Ms,
!Mdf= 予ひずみ負荷による Mf の変化量，Mff= 予ひずみ負荷後の Mf
double precision,save::As,Af,Ads,Afs,Adf,Aff
!As=As 温度，Af=Af 温度，Ads= 予ひずみ負荷による As の変化量，Afs= 予ひずみ負荷後の
As,
!Adf= 予ひずみ負荷による Af の変化量，Aff= 予ひずみ負荷後の Af
double precision,save::afr,drv,drve,gtmp,gd
```

!afr= 材料定数 a，drv= 変位 (mm)，drve= ひずみ量 (%)，gtmp=M 相分率代入用，

!gd=M 相分率変化量

　　double precision,save::m,a,va,Rm,Ra,RR,Rg,om,i=0.014

!m=SMA 質量，a=SMA 伝熱面積，va=SMA 体積，Rm=M 相抵抗値，

!Rg= 実測抵抗値，om= 目標抵抗値，i= 通電流量

　　double precision,save::dR1=0,dR2,k=0.0278

!dR1= 累積抵抗値，dR2= 実測抵抗値と目標抵抗値の差，k= ばね定数

　　double precision,save::kp=0.00d0,ki=0.001d0,vl

!kp= 比例ゲイン ,ki= 積分ゲイン ,vl= 変化電圧

　　double precision,save::dfunc,dRg,dhc,dlH,dU

!dfunc= 総エネルギー変化，dRg= ジュール熱によるエネルギー変化，

!dhc= 空気冷却によるエネルギー変化，

!dlH= 相変態にともなう吸熱，発熱によるエネルギー変化

!dU= SMA の変態による位置のエネルギー変化

　　double precision,save::dgf=1,VU1=30.00d0,VD1=59.60d0,VU2=89.10d0,VD2=120.00d0

!dgf= マルテンサイト相 100%，VU1= 電源 OFF 時間，VU2= 電源 OFF 時間，

!VD1= 電源 ON 時間，VD2= 電源 ON 時間

　　double precision,save::drveh,Rgh,tmph,drvec,Rgc,tmpc,gfM,gfA,R

!drveh- 加熱時のひずみ量，Rgh= 加熱時の電気抵抗値，tmph= 加熱時の温度変化

!drvec= 冷却時のひずみ量，Rgc= 冷却時の電気抵抗値，tmph= 冷却時の温度変化

!gfM= マルテンサイト相の割合，gfA= 母相の割合，R= 電気抵抗値

　　double precision,save::x=0.0089,y=0.0777　　　　　　　　　!電気抵抗値構成式の係数

　　double precision,save::MR=1.25*(10.0**(-6.0)),AR=0.63*(10.0**(-6.0))

　　end module globalpara

　　module subprgs

　　use globalpara

　　implicit none

　　contains

　　　　　!————————Runge-Kutta method(ルンゲクッタ)————————

　　subroutine RK4

　　double precision t0,t1,t2,t3

　　double precision k0,k1,k2,k3

　　double precision f0,f1,f2,f3

　　double precision func

```
      t0=t
      k0=Tc
      f0=func(t0,k0)
      t1=t+h/2.0
      k1=Tc+f0*h/2.0
      f1=func(t1,k1)
      t2=t+h/2.0
      k2=Tc+f1*h/2.0
      f2=func(t2,k2)
      t3=t+h
      k3=Tc+f2*h
      f3=func(t3,k3)
      Tc=Tc+(f0+f1*2.0+f2*2.0+f3)*h/6.0
      t=t+h
      end subroutine RK4


          !―――――― 外部負荷→予ひずみ計算 ――――――
      subroutine pstrain
      double precision e1,e2
      e1 = 0.3428                                    !弾性領域終了ひずみ
      e2 = 3.2                                  !双晶バリアント再配列終了ひずみ
      va=(((d/2)**2)*PI)*lg                              !SMA 体積
      si=(load*g)/(((d/2)**2)*PI)                       !外部負荷（応力）
!M 相弾性領域
      if (si<=(EM*10.0*e1).and.si>=0) then
      ep=si/(EM*10)
!双晶バリアント再配列領域
      else if (si<=(EM*10.0*e1+1.7*10.0*(e2-e1)).and.si>(EM*10.0*e1)) then
      ep=e1+ (si-EM*10.0*e1)/(1.7*10)
!単一バリアント弾性領域
      else if ( si>(EM*10.0*e1+1.7*10.0*(e2-e1))) then
      ep=e1 + (1.7*10.0*(e2-e1))/(1.7*10)+(si-(EM*10.0*e1+1.7*10.0*(e2-e1)))/(6.1*10)
      end if
      d=2*sqrt((100*va)/((100+ep)*lg*PI))
      end subroutine pstrain
```

```
!————————— 指令電圧→変位計算 —————————
subroutine appvoltage                                    !t= 時間 [ 秒 ]
double precision ttmp
if (t<VU1.and.t>=0) then
v=optv
else if (t<VD1.and.t>=VU1) then
v=opbv
else if (t<VU2.and.t>=VD1) then
v=optv
else if (t<VD2.and.t>=VU2) then
v=opbv
else if (t>=VD2) then
ttmp=t
do while(ttmp>0)
ttmp=ttmp-VD2
end do
ttmp=ttmp+VD2
if (ttmp<VU1.and.ttmp>=0) then
v=optv
else if (ttmp<VD1.and.ttmp>=VU1) then
v=opbv
else if (ttmp<VU2.and.ttmp>=VD1) then
v=optv
else if (ttmp<VD2.and.ttmp>=VU2) then
v=opbv
end if
end if
end subroutine appvoltage
end module subprgs


!————————— メインルーチン —————————
program  rstrain
use subprgs
use globalpara
```

```
      implicit none
      double precision:: Xf,cot=0
      double precision gf,gff,EL


            !———————— 変数設定 —————
      call pstrain
!変態温度
      Ms=318.8
      Mf=308.5
      Mds=-0.0953*(ep**2)+10.81*ep-0.0714                    !仮構成式
      Mdf=-0.0953*(ep**2)+11.81*ep-0.0714                    !仮構成式
      Mfs=Ms+Mds
      Mff=Mf+Mdf
      As=328.7
      Af=337.6
      Ads=0.2857*(ep**2)+1.9857*ep
      Adf=0.191*(ep**2)+3.5823*ep
      Afs=As+Ads
      Aff=Af+Adf
!材料定数
      afr=0.1185*log(ep)-0.4632
      Xf=-0.6112*(ep**2)+16.06*ep+99
      m=mass*lg                                              !SMA 質量
      a=((((d/2)**2)*PI)*2)+(d*PI*lg)                        !SMA 伝熱面積
!ファイルオープン
      open(10,file='tmp.txt')
      open(11,file='dsp1.txt')
      open(12,file='dsp2.txt')
      open(13,file='dsp3.txt')
      open(14,file='dsp4.txt')
      open(15,file='energy.txt')
      open(16,file='elc.txt')
      open(17,file='vol.txt')
      open(18,file='drve&Rg-heat.txt')
      open(19,file='drve&Rg-cold.txt')
```

```
open(20,file='tmp&drve-heat.txt')
open(21,file='tmp&drve-cold.txt')
open(22,file='M.txt')
open(23,file='A.txt')
open(24,file='dsp5.txt')
open(25,file='dsp6.txt')
if (gf<gff) then

gf=gff
else if(gf>dgf)then                                    !完全 M 相状態
gf=dgf
end if


     !——— 回復変位シミュレーション ———
gff=exp(afr*(Aff-Afs))
gf=exp(afr*(Tc-Afs))
EL=(EM*EA)/(EM+gf*(EA-EM))
drv=((100*(va/lg)*(EL-gf*EM)*Xf)/(EM*(100*(va/lg)*EL+k*lg)))*lg/100      !変位
drve=((100*(va/lg)*(EL-gf*EM)*Xf)/(EM*(100*(va/lg)*EL+k*lg)))            !ひずみ
Rg=(-x*lg)*drve+(y*lg)                                                    !抵抗値
Rm=(MR/(((lg-drv)/a)*(10.0**(-6.0))))*gf*10
Ra=(AR/(((lg-drv)/a)*(10.0**(-6.0))))*(1-gf)*10
!ファイル1行目書き込み
write(10,'(2A)')"    時間",","    温度 "
write(11,'(2A)')"    時間",","    変位 "
write(12,'(8f13.5)')t,tc,i,Rg,om,dR1,dR2
write(13,'(8f13.5)')t,Rm,Ra,RR,R,Rg,a
write(14,'(8f13.5)')t,drv,afr,gtmp,gd,gf,gff
write(15,'(8f13.5)')t,dfunc,dRg,dhc,dlH,dU
write(16,'(2A)')"    時間",","    電流 "
write(17,'(2A)')"    時間",","    電圧 "
write(18,'(2A)')"  回復ひずみ",","  電気抵抗 "
write(19,'(2A)')"  回復ひずみ",","  電気抵抗 "
write(20,'(2A)')"    温度",","   回復ひずみ "
write(21,'(2A)')"    温度",","   回復ひずみ "
```

```
write(22,'(2A)')"　　時間","　M 相"
write(23,'(2A)')"　　時間","　母相"
write(24,'(8f13.5)')t,Rg,lg,drve,drv,R
write(25,'(2A)')"　　時間","　抵抗"


       !――――――――― 計算開始 ―――――――――
do while (t<=lasttime) ! 終了時間まで続ける
gtmp=gf                                              !M 相分率代入用
cot=cot+1

! ファイル書き込み (cot 回に 1 回のペース )
  if(cot==1)then
  write(10,'(8f13.5)') t,Tc
  write(11,'(8f13.5)') t,drv
  write(12,'(8f13.5)') t,tc,i,Rg,om,dR1,dR2
  write(13,'(8f13.5)') t,Rm,Ra,RR,R,Rg,a
  write(14,'(8f13.5)') t,drv,afr,gtmp,gd,gf,gff
  write(15,'(8f13.5)') t,dfunc,dRg,dhc,dlH,dU
  write(16,'(8f13.5)') t,i
  write(17,'(8f13.5)') t,vl
  write(18,'(8f13.5)') drveh,Rgh
  write(19,'(8f13.5)') drvec,Rgc
  write(20,'(8f13.5)') tmph,drveh
  write(21,'(8f13.5)') tmpc,drvec
  write(22,'(8f13.5)') t,gfM
  write(23,'(8f13.5)') t,gfA
  write(24,'(8f13.5)') t,Rg,lg,drve,drv,R
  write(25,'(8f13.5)') drve,RR
  cot=0
  end if
  call appvoltage ! 指令電圧→変位計算
  om=v/0.1 ! 目標電気抵抗値 om
  call RK4 ! ルンゲクッタ
  gf=exp(afr*(Tc-Afs)) ! 材料計算
  if (gf<gff) then                                     ! 残留 M 相
```

```
gf=gff
else if(gf>dgf)then                                      ！完全 M 相状態
gf=dgf
end if
gd=gtmp-gf ！相変態速度
EL=(EM*EA)/(EM+gf*(EA-EM))
drv=((100*(va/lg)*(EL-gf*EM)*Xf)/(EM*(100*(va/lg)*EL+k*lg)))*lg/100      ！変位
drve=((100*(va/lg)*(EL-gf*EM)*Xf)/(EM*(100*(va/lg)*EL+k*lg)))        ！ひずみ
Rg=(-x*lg)*drve+(y*lg)                                    ！抵抗値
Rm=(MR/(((lg-drv)/a)*(10.0**(-6.0))))*gf*10
Ra=(AR/(((lg-drv)/a)*(10.0**(-6.0))))*(1-gf)*10
dR2=Rg-om                          ！実測の電気抵抗値と目標の電気抵抗値との差

i=kp*dR2+ki*(dR1+dR2)
if(i<0.014)then
i=0.014
endif
dR1=dR1+dR2
if(dR1<0)then
dR1=0
endif
if(t<VU1.and.t>=0)then
drveh=drve
Rgh=Rg
tmph=tc
else if(t<VD1.and.t>=VU1)then
drvec=drve
Rgc=Rg
tmpc=tc
else if(t<VU2.and.t>=VD1)then
drveh=drve
Rgh=Rg
tmph=tc
else if(t<VD2.and.t>=VU2)then
drvec=drve
```

```
    Rgc=Rg
    tmpc=tc
    endif
    gfM=gf*100
    gfA=(1-gf)*100
    R=61*((lg-drv)/1000)
    RR=Rm+Ra
    end do


        !———————— 計算終了 ————————
!ファイルクローズ
    close(10)
    close(11)
    close(12)
    close(13)
    close(14)
    close(15)
    close(16)
    close(17)
    close(18)
    close(19)
    close(20)
    close(21)
    close(22)
    close(23)
    close(24)
    close(25)
    end program rstrain


        !———————— 伝熱モデル ————————
    real function func(tf,Tcd)
    use globalpara
    implicit none
    double precision tf,Tcd
    func=((Rg*(i**2))/(cp*m)+((-hc*a)/(cp*m))*(Tcd-ta))+((-m*lH*gd)/(cp*m))+((-
```

```
    load*g*(drv/1000))/
    (cp*m*h))
!伝熱モデル
    dfunc=((Rg*(i**2))/(cp*m)+((-hc*a)/(cp*m))*(Tcd-ta))+((-m*lH*gd)/(cp*m))+((-
    load*g*(drv/1000))/(cp*m*h))
    dRg=(Rg*(i**2))/(cp*m)
    dhc=((-hc*a)/(cp*m))*(Tcd-ta)
    dlH=(-m*lH*gd)/(cp*m)
    dU=((-load*g*(drv/1000))/(cp*m*h))
    vl=Rg/10.0d0
    return
    end function func
```

第3章
一次元相変態モデル

中部大学　池田　忠繁

第3章 一次元相変態モデル

3.1 はじめに

　鉄、銅、アルミなどの金属材料は、微小な力で微小な変形を与え、その後、力を取り除くと、変形前の元の形状に回復し、比較的大きな力で大きな変形を与えると、その力を取り除いても、大きな変形形状が残る。これらの変形をそれぞれ、弾性変形、塑性変形という。そのうちいくつかの金属材料は、図 3-1 (a)[1]に示すように、残留した大きな変形が高温にすることで変形前の元の形状に戻る性質がある。この性質を形状記憶効果（Shape Memory Effect：SME）と呼び、この性質を有する金属材料を形状記憶合金（Shape Memory Alloys：SMA）と呼ぶ。形状記憶効果は、1951 年に金−カドミウム（AuCd）合金に発生することが発見されたが[2]、Au が高価であることや Cd が人体に有害であることなどからあまり注目されなかった。その後、1963 年にチタン−ニッケル（Ti-Ni）合金に形状記憶効果が発生することが公表され[3]、Ti-Ni 合金は多少高価ではあるが毒性も低いので、盛んに研究開発が行われ始めた。SMA は、SME だけでなく、図 3-1 (b) に示すような、力を加え与えた大きな変形が力を取り除くだけで元の形状に回復する性質も有する。このとき、ひずみの回復量が 5 ～ 8 ％にも及ぶことから、この性質を超弾性（Superelasticity：SE）と呼ぶ。SMA の特徴を Ti-Ni 合金を例としてまとめると、構造要素として十分に使用可能な、(1) 20 ～ 100GPa 程度のヤング率、(2) 1000 ～ 2000MPa 程度の破壊強度を有するとともに、(3) 5 ～ 8 ％のひずみが加熱により回復し、(4) そのとき 500 ～ 900MPa の応力が発生する性質、(5) 温度によりその電気抵抗が変化する性質、(6) 応力−ひずみ線図が大きなループを描く性質、(7) −100 ～ 100℃ 程度で変形回復温度が調整可能な性質などを有している[4]。これらの性質を利用し、SMA は、管継手、シャワーの温度調節装置、釣り糸、ブラジャー、めがねフレーム、ガイドワイヤー、ステントと幅広い分野の製品に応用されている[5]。

　同じ SMA でも、低温で使用する場合には SME が発生し、高温で使用する場合は SE が発生する。さらに高温で使用すると、SE が発生する応力よりも低い応力で塑性変形が生じ、その場合、力を取り除いても、元の形状に回復しない。また、SME、SE が発生する温度域であっても、大きな変形を与えれば、塑性変形が生じうる。これらの現象は、アクチュエータとして大きく変形させたい場合に現れたり、任意の形状に加工する場合に用いられたりしている。さらに、SMA は、結晶間の関係や結晶内の欠陥の配置が繰返しの変形に対して不可逆的に変化し、合金全体として熱力学的特性も変化していく現象も現れる。

　SMA 製品の設計、加工において、上述のような SMA の特徴を最大限に生かすためには、

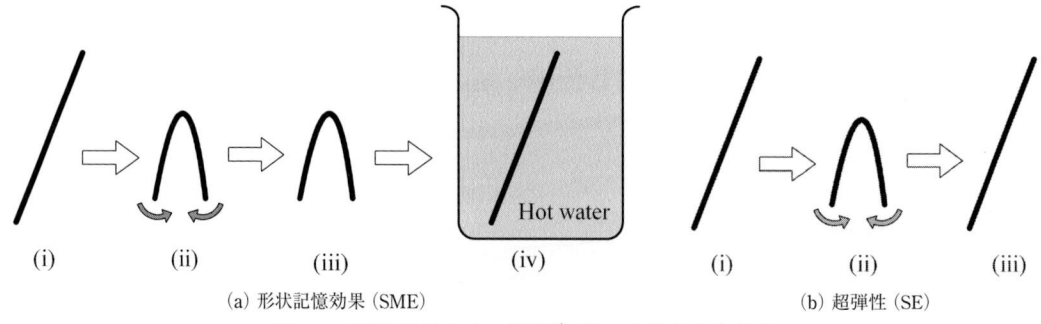

図 3-1　形状記憶合金の特性[1]　ⓒ日本航空宇宙学会

設計、加工に用いることができる程度の精度を有し、SMA の特徴が発生する機構の理解とその説明を助けられるような、単純な形式で見通しのよい数学モデルが必要である。そこで、この章では、SMA の変形挙動の概略、SE や SME だけでなく塑性変形も扱える数学モデルの導出、およびその計算例について紹介する。SE や SME を表す数学モデルに関しては、単純な形式で比較的精度良く SMA の変形挙動を表すことができる一次元相変態モデル[1), 6) -9)]について紹介する。最後に、さらに簡素化したモデルにより SMA の変形挙動を解析的に調べる方法について紹介する[10]。構成式などの導出に際しては、できるだけ丁寧に導出することを心がけたので、式の数が合計 100 を超えた。そこで、重要な式は▼印で示した。

3.2　形状記憶合金の変形挙動

　SMA の SME や SE のような特異な性質は、結晶構造の変化、すなわち相変態に基づいている。相変態（相転移）とは、たとえば、水が氷（固体）、水（液体）、水蒸気（気体）の状態をもち、氷から水、水から水蒸気のように状態が変化する性質をいう。金属においても、体心立方格子や面心立方格子などの結晶構造の状態をもち、結晶構造がこれら格子間で変化することを相変態という。とくに、原子の相対位置を変化させることなしに相変態することをマルテンサイト変態といい、高温相を母相またはオーステナイト相（Austenite Phase : A 相）、低温相をマルテンサイト相（Martensite Phase : M 相）という。Ti-Ni 合金を例に取りその変形挙動を説明する[11]。

　Ti-Ni 合金では、A 相の結晶格子は体心立方格子である。**図 3-2**（a）に体心立方格子の A 相を 4 つ並べた結晶構造を示す。ここで、1 つの体心立方格子に注目すると、その頂点には Ti 原子、中心には Ni 原子が配置されている。4 つ並んだ体心立方格子の内部に、破線で結んだ直方体を作る。この直方体を切り出し（b）に示す。この直方体は、各頂点と各面の中心に原子が配置された結晶格子とみることができる。したがって、原子間が伸び縮みするだけで、原子の相対位置を変化させることなしに、体心立方格子から面心立方格子

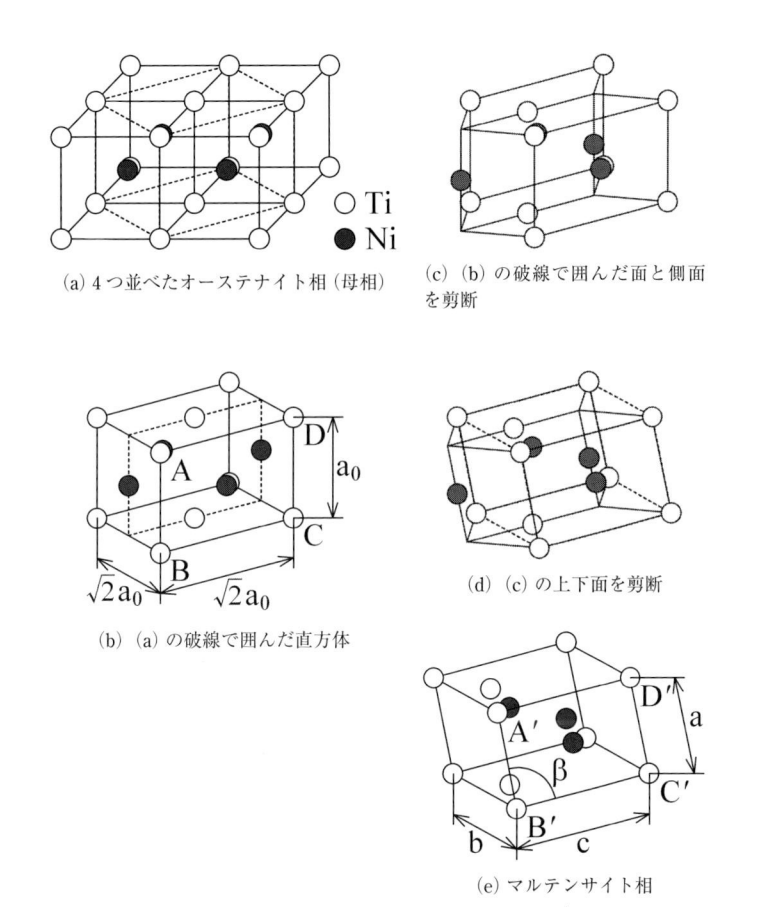

(a) 4 つ並べたオーステナイト相（母相）

(c) (b) の破線で囲んだ面と側面を剪断

○ Ti
● Ni

(b) (a) の破線で囲んだ直方体

(d) (c) の上下面を剪断

(e) マルテンサイト相

図 3-2　Ti-Ni 合金のオーステナイト相とマルテンサイト相[1]　©日本航空宇宙学会

へ相変態することが可能であることがわかる。次に、この面心格子の破線で示した中央面を左へ、それに平行な側面を右へ剪断し、(c) の「く」の字形の原子配置にし、さらに、その上面を左へ、下面を右へ剪断すると、(d) のような結晶構造になる。(d) の破線で示した六面体を切り出し (e) に示す。これが M 相の結晶構造である。A 相から M 相へ相変態する場合は、a、b、c、β の位置関係により 12 通りの M 相（バリアント）が生ずる可能性がある。

　A 相の辺の長さは、$a_0 = 0.3015\mathrm{nm}$ で[12)13)]、M 相の各辺の長さは、$a = 0.2898\mathrm{nm}$、$b = 0.4108\mathrm{nm}$、$c = 0.4646\mathrm{nm}$、また、a、c 間の角度は、$\beta = 97.78°$ である[14)]。これらの辺の長さの関係から、(b) の A 相の AC 間の距離と (e) の M 相の A′C′ 間の距離を比較すると、マルテンサイト変態により約 11% の変形を生じることがわかる。実用では多結晶合金を用いるので、大きな変化をしない方向の結晶も存在し、最大変形量も 5 〜 8% 程度となる。

　A 相は高温で安定、M 相は低温で安定であり、負荷時にはより負荷方向に歪んだ M 相が安定となる。また、無負荷で A 相から M 相へ相変態するときには、表面エネルギーを小さくかつ外に仕事をせず、全体として形状変化を打ち消し合うように多数の方向の異な

るM相のバリアントが生成される。このことを自己調整作用という。

　これらのことを踏まえ、**図3-3**にさまざまな温度におけるSMAの変形挙動の模式図を示す。ここでは、応力−ひずみ線図の各位置における結晶構造の変化の様子も合わせて示してある。A相を正方形、M相のバリアントを平行四辺形で表しているが、A相とM相の界面ではひずみの差は生じないので、実際にはもう少し複雑な構造となっている。

　高温時には、A相が安定である。まず、材料温度が、材料全体がA相となる温度A_f以上である図3-3（b）の温度T_2の場合に注目する。応力、ひずみともに0の状態から外力を与える。この点の状態は図3-1（b）(i) に対応する。ある応力値までは弾性変形するが、その値を超えると、負荷方向を向いたM相のバリアントから構成される応力誘起マルテンサイト相（Stress-induced Martensite Phase：SM相）に相変態していく。A相からSM相への相変態進行中の接線弾性係数は、A相のみの場合やSM相のみの場合の弾性係数に比べて小さい。また、このときの応力を相変態応力とよぶ。この状態は図3-1（b）(ii) に対応す

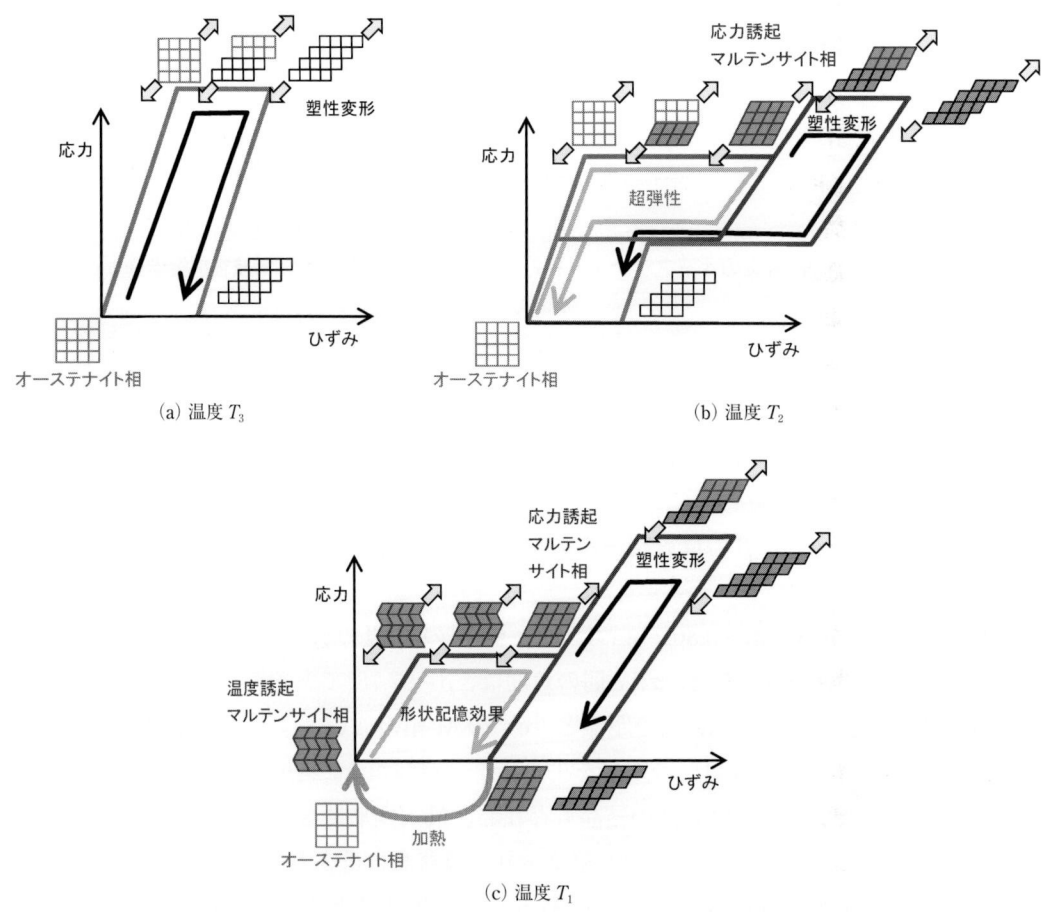

(a) 温度 T_3　　　　　　　　　　　(b) 温度 T_2

(c) 温度 T_1

図3-3　さまざまな温度におけるSMAの応力−ひずみ関係模式図

$(T_3 > T_2 > A_f > M_f > T_1)$

る。全体が SM 相になると再び弾性変形する。この状態から除荷すると、SM 相から A 相に逆変態し、元の形状に戻る。この状態が図 3-1 (b)(iii) に対応する。この現象が超弾性 (SE) である。このとき、相間や粒子間の摩擦によるエネルギー損失などにより、応力−ひずみ線図は負荷時と除荷時で経路が異なりヒステリシスループを描く。また、全体が SM 相になり再び弾性変形をする状態から除荷せずに、さらに、負荷を増大すれば、いずれ結晶内ですべりが生じ、除荷しても完全には元の状態に戻らず、ひずみが残留する塑性変形が生じる。ここで、除荷せずに、さらに負荷を増大すれば、最終的には SMA は破断する。

　次に、材料温度が、材料全体が M 相となる温度 M_f 以下である図 3-3 (c) の温度 T_3 の場合に注目する。SMA を冷却すると、A 相から M 相に相変態する。A 相の材料を無負荷で冷却し M 相にしたとき、全体形状が変化しないようにいくつかの M 相のバリアントが生じ、自己調整された温度誘起マルテンサイト相 (Thermal-induced Martensite Phase : TM 相) の状態となる。この状態は図 3-1 (a)(i) に対応する。ここで、外力を与えると、ある応力値までは、弾性変形するが、外力がその値を超えると、負荷方向を向いた SM 相に変化する。このことを再配列という。この状態は図 3-1 (a)(ii) に対応する。全体が SM 相になるまで変形すると再び弾性変形する。この状態から除荷すると、この温度では、弾性変形分だけ変形が戻るが、元の TM 相には戻らず、変形形状が残る。この状態が図 3-1 (a)(iii) に対応する。しかし、加熱することで、A 相に逆変態し、形状が回復する。この状態が図 3-1 (a)(iv) に対応する。この現象が形状記憶効果（SME）である。全体が SM 相になり再び弾性変形をする状態から除荷せずに、さらに、負荷を増大すれば、いずれ結晶内ですべりが生じ、その後除荷し、加熱しても完全には元の状態に戻らず、ひずみが残留する塑性変形が生じる。ここで、除荷せずに、さらに負荷を増大すれば、最終的には SMA は破断する。

　最後に図 3-3 (a) の温度 T_1 の場合に注目する。材料の温度が上昇すると相変態が発生する応力は増加する。図 3-3 (a) の場合、相変態応力が結晶ですべりが発生する応力（降伏応力）よりも高くなり、相変態が発生する前にすべりが発生し、除荷してもひずみが残留する塑性変形が生ずる。

　A_f や M_f などの相変態温度は、Ni と Ti の割合、熱処理や冷間加工の違いにより、−100〜100℃ 程度に変化する。

　図 3-4 に Ti-Ni 合金ワイヤーの引張試験により得られた応力−ひずみ線図を示す。(a) は、概ねマルテンサイト変態が完了するまで負荷し、その後除荷したときに生ずる大ヒステリシスループと、マルテンサイト変態完了前に除荷し、その後負荷した場合に現れる内部小ループ、(b) は応力−ひずみ線図の温度依存性、(c) は周波数依存性、(d) は繰返し変形挙動を示す。ただし、(b) はその他のデータと組成と熱処理の異なるワイヤーを用いている。これらの図より、(1) 負荷時と除荷時で経路が異なり、大きなヒステリシスループを描く、(2) 負荷途中で除荷、負荷をすることにより得られる内部小ヒステリシスループの

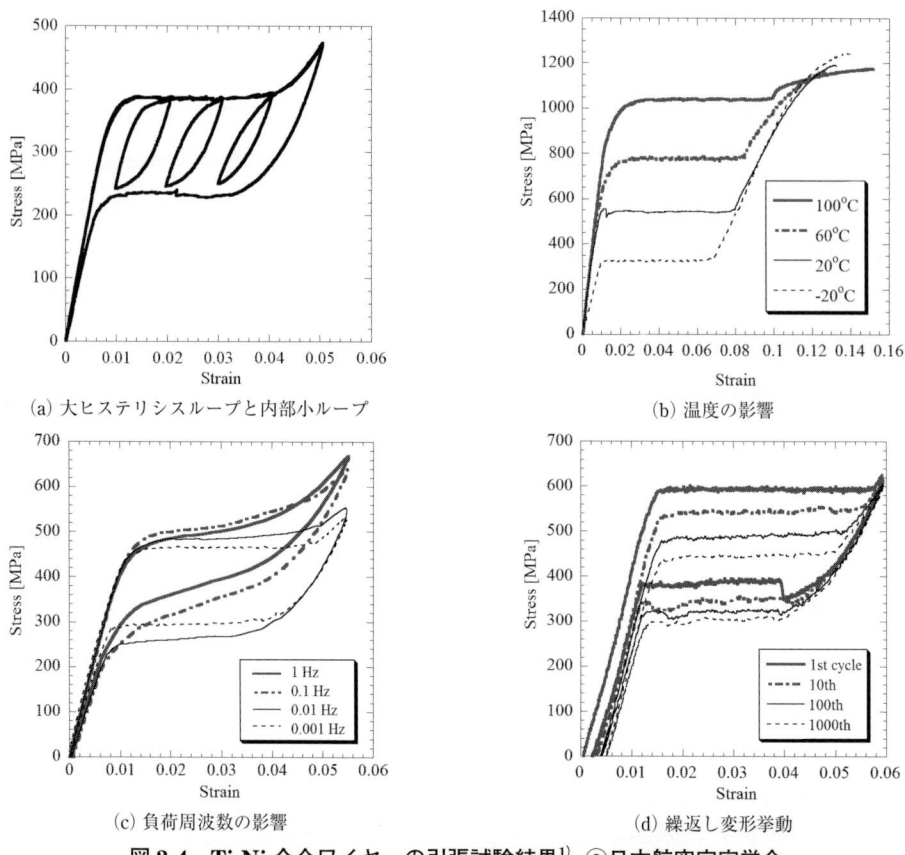

(a) 大ヒステリシスループと内部小ループ

(b) 温度の影響

(c) 負荷周波数の影響

(d) 繰返し変形挙動

図 3-4　Ti-Ni 合金ワイヤーの引張試験結果[1]　ⓒ日本航空宇宙学会

形状は、小ヒステリシスループの中心ひずみの値により異なる、(3) 温度の上昇に伴い、相変態が生ずる応力がほぼ一定の割合で増加する、(4) 負荷周波数が変化すると、ヒステリシスループの形状が変化する、(5) 変形を繰り返すに伴い相変態応力が低下したり、残留ひずみが増加したりするなどの性質があることがわかる。

3.3　構成式

　SMA の変形挙動を表す構成方程式の定式化の手法として、(1) 自由エネルギー関数をひずみと温度の多項式で仮定し、その微分から応力-ひずみ関係を求める方法[15]、(2) SMA が多数の粒子から構成され、その粒子1つ1つがA相かM相のどちらかの状態にあると考え、平均化操作をすることにより、巨視的な挙動を説明する方法[16][17]、(3) 塑性変形理論のように内部変数を用いて、A相とM相の間で相変態が進行していく様子を表す方法[18]-[22]、(4) 物理現象の詳細は考慮せず、数学的にヒステリシスを描く方法[23]などが提案されている。ここでは、(3) の内部変数を用いる方法のうち、Ikeda et al. が提案している

1 次元相変態モデルを紹介する[1)6)-9)]。

　形状記憶合金の相変態は、実験で計測できる応力、ひずみ、温度だけからは状態が決まらないので、塑性変形と同様、内部変数を用いて表す必要がある。すなわち、相変態と塑性変形は同じ形式で記述できる。そこで、まず内部変数を含む塑性変形の構成式を熱力学の古典理論から導出する[24)25)]。その後、導出した塑性変形の構成式を単軸負荷を受ける集中モデルの構成式に単純化し、相変態を表現できるように修正、さらに相変態の発展規則を表す 1 次元相変態モデルを導入する。3.4 で、3.2 で紹介した実験結果をこのモデルで再現し、モデルの有効性を実証する。次に、すべりによる塑性変形や、3.5 では繰返し負荷を受ける場合の変形挙動を記述する簡易なモデルを紹介し、それらのモデルを用いた計算例を示す。

3.3.1　熱力学第 1 法則

　熱力学では、考える対象として切り取られた任意の空間または物質を系と呼ぶ。系から物質が出て行ったり、そのなかに入って来たりしない系を閉じた系という。閉じた系においては、物質の出入りはまったくないが、系の境界が拡がったり、縮んだりすることによって、系が仕事をしたり、されたり、系の境界を通して熱エネルギーが熱の形で流入出してもよい。

　ここでは、境界表面 ∂B によって囲まれた領域 B を有する閉じた系を考え、これを系 B と呼ぶことにする。このとき、系の運動エネルギー K と内部エネルギー U は、それぞれ

$$K = \frac{1}{2}\int_B \rho \mathbf{v}\cdot\mathbf{v}\,dV \tag{3-1}$$

$$U = \int_B \rho u\,dV \tag{3-2}$$

のように与えられる。ここで、ρ、$\mathbf{v}$、u はそれぞれ、微小体積要素 dV を占める物質の密度、速度、および単位質量あたりの内部エネルギーを表す。また、系 B での単位体積、単位時間あたりの生成熱を r、境界 ∂B における外向き法線ベクトル $\mathbf{n}$ をもつ微小表面要素 dA を通過する熱流束を $\mathbf{q}$ とすれば、系 B への単位時間あたりの熱流入は、

$$\dot{Q} = \int_B r\,dV - \int_{\partial B} \mathbf{q}\cdot\mathbf{n}\,dA \tag{3-3}$$

と与えられる。ここで、

$$\dot{(\cdot)} = \frac{D(\cdot)}{Dt}$$

は物質時間微分を表す。さらに、系 B に単位質量あたりの物体力 $\mathbf{f}$ とその表面に単位面積あたりの表面力 $\mathbf{t}$ が作用すれば、系はこれらの作用によって単位時間あたりに

$$\dot{W} = \int_B \rho \mathbf{f} \cdot \mathbf{v}\, dV + \int_{\partial B} \mathbf{t} \cdot \mathbf{v}\, dA \tag{3-4}$$

の仕事を受ける。したがって、熱力学第 1 法則

$$\dot{K} + \dot{U} = \dot{Q} + \dot{W} \tag{3-5}$$

は、式 (3-1) ～ (3-4) より、

$$\frac{D}{Dt} \int_B \rho \left(\frac{1}{2} \mathbf{v} \cdot \mathbf{v} + u \right) dV = \int_B (\rho \mathbf{f} \cdot \mathbf{v} + r) dV + \int_{\partial B} (\mathbf{t} \cdot \mathbf{v} - \mathbf{q} \cdot \mathbf{n}) dA \tag{3-6}$$

と表すことができる。

　式 (3-6) の左辺は、連続の式

▼ $\quad \dot{\rho} + \rho \operatorname{div}\mathbf{v} = 0 \tag{3-7}$

を用いると、

$$\begin{aligned}
\frac{D}{Dt} \int_B \rho \left(\frac{1}{2} \mathbf{v} \cdot \mathbf{v} + u \right) dV &= \int_B \left[\frac{D}{Dt} \left\{ \rho \left(\frac{1}{2} \mathbf{v} \cdot \mathbf{v} + u \right) \right\} + \left\{ \rho \left(\frac{1}{2} \mathbf{v} \cdot \mathbf{v} + u \right) \right\} \operatorname{div}\mathbf{v} \right] dV \\
&= \int_B \left[\frac{D\rho}{Dt} \left(\frac{1}{2} \mathbf{v} \cdot \mathbf{v} + u \right) + \rho \frac{D}{Dt} \left(\frac{1}{2} \mathbf{v} \cdot \mathbf{v} + u \right) + \left\{ \rho \left(\frac{1}{2} \mathbf{v} \cdot \mathbf{v} + u \right) \right\} \operatorname{div}\mathbf{v} \right] dV \\
&= \int_B \rho (\mathbf{v} \cdot \dot{\mathbf{v}} + \dot{u}) dV
\end{aligned} \tag{3-8}$$

となる。式 (3-6) の右辺第 2 項は、Cauchy の公式 $\mathbf{t} = \boldsymbol{\sigma}\mathbf{n}$ と Gauss の発散定理を用いると、

$$\begin{aligned}
\int_{\partial B} (\mathbf{t} \cdot \mathbf{v} - \mathbf{q} \cdot \mathbf{n}) dA &= \int_{\partial B} (\boldsymbol{\sigma}\mathbf{n} \cdot \mathbf{v} - \mathbf{q} \cdot \mathbf{n}) dA \\
&= \int_{\partial B} (\boldsymbol{\sigma}^{\mathrm{T}}\mathbf{v} \cdot \mathbf{n} - \mathbf{q} \cdot \mathbf{n}) dA \\
&= \int_{\partial B} (\boldsymbol{\sigma}^{\mathrm{T}}\mathbf{v} - \mathbf{q}) \cdot \mathbf{n}\, dA \\
&= \int_B \operatorname{div}(\boldsymbol{\sigma}^{\mathrm{T}}\mathbf{v} - \mathbf{q}) dV
\end{aligned} \tag{3-9}$$

のように書ける。ただし、$\boldsymbol{\sigma}$ は Cauchy の応力テンソルである。式 (3-6) に式 (3-8)、(3-9) を代入すれば、

$$\int_B \rho (\mathbf{v} \cdot \dot{\mathbf{v}} + \dot{u}) dV = \int_B \left\{ (\rho \mathbf{f} \cdot \mathbf{v} + r) + \operatorname{div}(\boldsymbol{\sigma}^{\mathrm{T}}\mathbf{v} - \mathbf{q}) \right\} dV \tag{3-10}$$

が得られる。式 (3-10) を並び替え、後で示す公式 $\operatorname{div}(\boldsymbol{\sigma}^{\mathrm{T}}\mathbf{v}) = \mathbf{v}\operatorname{div}\boldsymbol{\sigma} + \boldsymbol{\sigma} : \operatorname{grad}\mathbf{v}$ を用いると

$$\int_B (\boldsymbol{\sigma} : \operatorname{grad}\mathbf{v} - \operatorname{div}\mathbf{q} + r - \rho\dot{u}) dV + \int_B \left\{ \mathbf{v} \cdot (\operatorname{div}\boldsymbol{\sigma} + \rho\mathbf{f} - \rho\dot{\mathbf{v}}) \right\} dV = 0 \tag{3-11}$$

が得られる。さらに、この式の第 2 項に、運動方程式

▼　　$\rho\dot{\mathbf{v}} = \rho\mathbf{f} + \mathrm{div}\boldsymbol{\sigma}$　　　　　　　　　　　　　　　　　　　　(3-12)

を用いれば、熱力学第 1 法則は、

$$\int_B \left(\boldsymbol{\sigma} : \mathrm{grad}\mathbf{v} - \mathrm{div}\mathbf{q} + r - \rho\dot{u}\right)dV = 0 \tag{3-13}$$

と表すことができる。この式は任意の領域 B に対して成り立つから、

$$\rho\dot{u} = \boldsymbol{\sigma} : \mathrm{grad}\mathbf{v} - \mathrm{div}\mathbf{q} + r \tag{3-14}$$

を得る。とくに、微小変形の場合には、応力テンソルの対称性を用い、ひずみ速度テンソルを $\dot{\boldsymbol{\varepsilon}} = \frac{1}{2}\left\{\mathrm{grad}\mathbf{v} + (\mathrm{grad}\mathbf{v})^T\right\}$ とすれば、式（3-14）は、

▼　　$\rho\dot{u} = \boldsymbol{\sigma} : \dot{\boldsymbol{\varepsilon}} - \mathrm{div}\mathbf{q} + r$　　　　　　　　　　　　　　　　　　(3-15)

のように書くことができる。

　ここで、式（3-11）の導出に用いた公式 $\mathrm{div}(\boldsymbol{\sigma}^{\mathbf{T}}\mathbf{v}) = \mathbf{v}\mathrm{div}\boldsymbol{\sigma} + \boldsymbol{\sigma} : \mathrm{grad}\mathbf{v}$ を導出しておく。$\mathrm{div}\boldsymbol{\sigma}$、$\mathrm{grad}\mathbf{v}$ は、応力、速度の成分をそれぞれ、σ_{ij}, v_i と表し、j 方向に関する微分を下付添字「$,j$」で表すと

$$\mathrm{div}\boldsymbol{\sigma} = \sigma_{ij,j} \tag{3-16}$$

$$\mathrm{grad}\mathbf{v} = v_{i,j} \tag{3-17}$$

と書ける。したがって、$\mathrm{div}(\boldsymbol{\sigma}^{\mathbf{T}}\mathbf{v})$ は、

$$\begin{aligned} \mathrm{div}(\boldsymbol{\sigma}^{\mathbf{T}}\mathbf{v}) = \left(\sigma_{ij}v_i\right)_{,j} &= \sigma_{ij,j}v_i + \sigma_{ij}v_{i,j} \\ &= \mathbf{v}\mathrm{div}\boldsymbol{\sigma} + \boldsymbol{\sigma} : \mathrm{grad}\mathbf{v} \end{aligned} \tag{3-18}$$

を得る。

3.3.2　熱力学第 2 法則

　系 B のエントロピー S は、単位質量あたりのエントロピーを s とすると、

$$S = \int_B \rho s\, dV \tag{3-19}$$

となる。熱力学第 2 法則より、系におけるエントロピーの単位時間あたりの増加率は、熱の生成と流入によるエントロピーの増加率よりも小さくはならないので、

$$\dot{S} \geq \int_B \frac{r}{T}dV - \int_{\partial B}\frac{\mathbf{q} \cdot \mathbf{n}}{T}dA \tag{3-20}$$

の関係がある。ここで、T は絶対温度（>0）であり、等号は可逆過程のときに成立する。

式 (3-20) の $\dot{S}$ の S に式 (3-19) を代入し、式 (3-8) と同様に計算し、式 (3-20) の右辺第 2 項に Gauss の発散定理を用いれば、式 (3-20) は、

$$\int_B \left\{ \rho\dot{s} + \mathrm{div}\left(\frac{\mathbf{q}}{T}\right) - \frac{r}{T} \right\} dV \geq 0 \tag{3-21}$$

となる。この式は、任意の領域 B に対して成り立つから、

$$\rho\dot{s} + \mathrm{div}\left(\frac{\mathbf{q}}{T}\right) - \frac{r}{T} \geq 0 \tag{3-22}$$

の形に書ける。式 (3-15) を用いて、r を消去すれば、

$$\rho\dot{s} + \mathrm{div}\left(\frac{\mathbf{q}}{T}\right) - \frac{\rho\dot{u} - \boldsymbol{\sigma}:\dot{\boldsymbol{\varepsilon}} + \mathrm{div}\mathbf{q}}{T} \geq 0 \tag{3-23}$$

となり、

$$\mathrm{div}\left(\frac{\mathbf{q}}{T}\right) = \frac{\mathrm{div}\mathbf{q}}{T} - \frac{\mathbf{q}\cdot\mathrm{grad}\,T}{T^2} \tag{3-24}$$

の関係を用いると、

$$\boldsymbol{\sigma}:\dot{\boldsymbol{\varepsilon}} + \rho(T\dot{s} - \dot{u}) - \frac{\mathbf{q}\cdot\mathrm{grad}\,T}{T} \geq 0 \tag{3-25}$$

が得られる。式 (3-25) は Clausius-Duhem の不等式と呼ばれる。

3.3.3　熱力学関係式

変形は微小であり、全ひずみ $\boldsymbol{\varepsilon}$ は熱弾性ひずみ $\boldsymbol{\varepsilon}^e$ と塑性ひずみ $\boldsymbol{\varepsilon}^p$ の和として

▼　　$\boldsymbol{\varepsilon} = \boldsymbol{\varepsilon}^e + \boldsymbol{\varepsilon}^p$ $\tag{3-26}$

と表されるものとする。ただし、熱弾性ひずみは弾性ひずみと熱ひずみの和である。単位質量あたりの Gibbs の自由エネルギーは、応力 $\boldsymbol{\sigma}$、温度 T、内部変数 $\mathbf{Z}$ の関数と仮定し、

$$G = G(\boldsymbol{\sigma},\, T, \mathbf{Z}) = u - Ts - \frac{1}{\rho}\,\boldsymbol{\sigma}:\boldsymbol{\varepsilon}^e \tag{3-27}$$

のように記述できる。式 (3-27) を時間で微分すれば

$$\dot{G} = \frac{\partial G}{\partial \boldsymbol{\sigma}}:\dot{\boldsymbol{\sigma}} + \frac{\partial G}{\partial T}\dot{T} + \frac{\partial G}{\partial \mathbf{Z}}\dot{\mathbf{Z}} = \dot{u} - \dot{T}s - T\dot{s} - \frac{1}{\rho}\,\dot{\boldsymbol{\sigma}}:\boldsymbol{\varepsilon}^e - \frac{1}{\rho}\,\boldsymbol{\sigma}:\dot{\boldsymbol{\varepsilon}}^e \tag{3-28}$$

となる。式 (3-26) と式 (3-28) を式 (3-25) に代入すると、

$$\boldsymbol{\sigma}:(\dot{\boldsymbol{\varepsilon}}^e + \dot{\boldsymbol{\varepsilon}}^p) - \rho\left(\frac{\partial G}{\partial \boldsymbol{\sigma}}:\dot{\boldsymbol{\sigma}} + \frac{\partial G}{\partial T}\dot{T} + \frac{\partial G}{\partial \mathbf{Z}}\dot{\mathbf{Z}} + \dot{T}s + \frac{1}{\rho}\,\dot{\boldsymbol{\sigma}}:\boldsymbol{\varepsilon}^e + \frac{1}{\rho}\,\boldsymbol{\sigma}:\dot{\boldsymbol{\varepsilon}}^e\right) - \frac{\mathbf{q}\cdot\mathrm{grad}\,T}{T} \geq 0$$

$$\boldsymbol{\sigma}:\dot{\boldsymbol{\varepsilon}}^p - \left(\boldsymbol{\varepsilon}^e + \rho\frac{\partial G}{\partial \boldsymbol{\sigma}}\right):\dot{\boldsymbol{\sigma}} - \left(s + \frac{\partial G}{\partial T}\right)\dot{T} - \left(\rho\frac{\partial G}{\partial \mathbf{Z}}\dot{\mathbf{Z}} + \frac{\mathbf{q}\cdot\mathrm{grad}\,T}{T}\right) \geq 0 \tag{3-29}$$

を得る。

　均一温度場における熱弾性変形では、式（3-29）は

$$-\left(\boldsymbol{\varepsilon}^e + \rho\frac{\partial G}{\partial \boldsymbol{\sigma}}\right):\dot{\boldsymbol{\sigma}} - \left(s + \frac{\partial G}{\partial T}\right)\dot{T} \geq 0 \tag{3-30}$$

となる。この式は任意の$\dot{\boldsymbol{\sigma}}$、$\dot{T}$に対して成り立つ必要があるから、次の熱弾性構成式と熱状態方程式が得られる。

▼　$\displaystyle \boldsymbol{\varepsilon}^e = -\rho\frac{\partial G}{\partial \boldsymbol{\sigma}}$ (3-31)

▼　$\displaystyle s = -\frac{\partial G}{\partial T}$ (3-32)

また、式（3-31）、式（3-32）を式（3-29）へ代入すると、

▼　$\displaystyle \Phi = \boldsymbol{\sigma}:\dot{\boldsymbol{\varepsilon}}^p - \left(\rho\frac{\partial G}{\partial \mathbf{Z}}\dot{\mathbf{Z}} + \frac{\mathbf{q}\cdot\mathrm{grad}\,T}{T}\right) \geq 0$ (3-33)

を得る。Φは単位体積あたりの散逸である。ここで、

$$\begin{aligned}\mathbf{X} &= \rho\frac{\partial G}{\partial \mathbf{Z}}\\[6pt]\mathbf{B} &= \frac{\mathrm{grad}\,T}{T}\end{aligned} \tag{3-34}$$

と定義すれば、式（3-33）は

$$\Phi = \boldsymbol{\sigma}:\dot{\boldsymbol{\varepsilon}}^p + \mathbf{X}\dot{\mathbf{Z}} + \mathbf{q}\cdot\mathbf{B} \geq 0 \tag{3-35}$$

と書ける。内部変数$\boldsymbol{\varepsilon}^p$、$\mathbf{Z}$を求めるにはそれらの発展式を定式化する必要がある。散逸ポテンシャル関数を

$$F = F(\boldsymbol{\sigma},\mathbf{X},\mathbf{B}) \tag{3-36}$$

で与えると、$\dot{\boldsymbol{\varepsilon}}^p$、$\dot{\mathbf{Z}}$は

▼　$\displaystyle \begin{aligned}\dot{\boldsymbol{\varepsilon}}^p &= \dot{\Lambda}\frac{\partial F}{\partial \boldsymbol{\sigma}}\\[6pt]\dot{\mathbf{Z}} &= \dot{\Lambda}\frac{\partial F}{\partial \mathbf{X}}\end{aligned}$ (3-37)

などから求めることができる。ただし、$\dot{\Lambda}$は正の未定乗数である。

3.3.4　等方弾性体の熱力学関係式

　均質等方弾性体の熱膨張を考慮したフックの法則は、

▼　$\displaystyle \boldsymbol{\varepsilon}^e = -\frac{\nu}{E}(\mathrm{tr}\boldsymbol{\sigma})\mathbf{I} + \frac{1+\nu}{E}\boldsymbol{\sigma} + \alpha_T(T - T_r)\mathbf{I}$ (3-38)

で表すことができる。ここで、ν、E、$\mathbf{I}$、α_T、T_r は、それぞれ、ポアソン（Poisson）比、縦弾性係数、恒等テンソル、線膨張係数、基準（初期）温度である。可逆微小変形においては、式（3-25）は全微分形で表すと、

$$\boldsymbol{\sigma}:d\boldsymbol{\varepsilon}^e + \rho(Tds-du)=0 \tag{3-39}$$

のように書ける。ただし、ここでは、温度勾配はゼロとしている。Gibbs の自由エネルギー式（3-28）も全微分形で表すと、

$$dG = du - sdT - Tds - \frac{1}{\rho}\boldsymbol{\varepsilon}^e:d\boldsymbol{\sigma} - \frac{1}{\rho}\boldsymbol{\sigma}:d\boldsymbol{\varepsilon}^e \tag{3-40}$$

となり、この式に式（3-39）を代入して、

$$dG = -sdT - \frac{1}{\rho}\boldsymbol{\varepsilon}^e:d\boldsymbol{\sigma} \tag{3-41}$$

を得る。式（3-41）へ式（3-38）を代入すると、

$$\begin{aligned}\rho dG &= -\rho sdT - \left[-\frac{\nu}{E}(\mathrm{tr}\boldsymbol{\sigma})\mathbf{I} + \frac{1+\nu}{E}\boldsymbol{\sigma} + \alpha_T(T-T_r)\mathbf{I}\right]:d\boldsymbol{\sigma} \\ &= -\rho sdT - \left[-\frac{\nu}{E}(\mathrm{tr}\boldsymbol{\sigma})d(\mathrm{tr}\boldsymbol{\sigma}) + \frac{1+\nu}{E}\boldsymbol{\sigma}:d\boldsymbol{\sigma} + \alpha_T(T-T_r)d(\mathrm{tr}\boldsymbol{\sigma})\right]\end{aligned} \tag{3-42}$$

となり、この式を応力に関して積分すると、

$$\rho G = \frac{\nu}{2E}(\mathrm{tr}\boldsymbol{\sigma})^2 - \frac{1+\nu}{2E}\boldsymbol{\sigma}:\boldsymbol{\sigma} - \alpha_T(T-T_r)(\mathrm{tr}\boldsymbol{\sigma}) + \Gamma(T) \tag{3-43}$$

となる。ただし、$\Gamma(T)$ は温度のみの関数である。式（3-41）より、

$$\left(\frac{\partial G}{\partial T}\right)_\sigma = -s \tag{3-44}$$

であるので、式（3-43）を $d\boldsymbol{\sigma}=0$ として、T で偏微分すると

$$\rho s = -(\mathrm{tr}\boldsymbol{\sigma})^2\frac{\partial}{\partial T}\left(\frac{\nu}{2E}\right) + \boldsymbol{\sigma}:\boldsymbol{\sigma}\frac{\partial}{\partial T}\left(\frac{1+\nu}{2E}\right) + (\mathrm{tr}\boldsymbol{\sigma})\frac{\partial}{\partial T}\left[\alpha_T(T-T_r)\right] - \frac{d\Gamma}{dT} \tag{3-45}$$

を得、応力が 0 のときは、

$$\rho s = -\frac{d\Gamma}{dT} \tag{3-46}$$

となる。一方、

$$T\left(\frac{\partial s}{\partial T}\right)_\sigma dT = C_p dT \tag{3-47}$$

より、

$$(C_p)_{\sigma=0} = T\left(\frac{\partial s}{\partial T}\right)_{\sigma=0} = -\frac{T}{\rho}\frac{d^2\Gamma}{dT^2} \tag{3-48}$$

を得る。ただし、C_p は定圧比熱である。C_p が応力や温度に依らず一定値のとき、式(3-48)は、

$$\Gamma(T) - \Gamma(T_0) - \frac{d\Gamma(T_0)}{dT}(T - T_0) = -\rho C_p \left[T\ln\frac{T}{T_0} - (T - T_0) \right] \tag{3-49}$$

のように積分できる。ここで、

$$\Gamma(T_0) = 0$$

$$-\frac{d\Gamma(T_0)}{dT} = \rho s_0 \tag{3-50}$$

とすると、式 (3-49) は、

$$\Gamma(T) = -\rho C_p \left[T\ln\frac{T}{T_0} - (T - T_0) \right] - \rho s_0 (T - T_0) \tag{3-51}$$

となる。この式を式 (3-43) および式 (3-45) へ代入すれば、

▼　$$\rho G = \frac{\nu}{2E}(\mathrm{tr}\boldsymbol{\sigma})^2 - \frac{1+\nu}{2E}\boldsymbol{\sigma}:\boldsymbol{\sigma} - \alpha_T(T - T_r)(\mathrm{tr}\boldsymbol{\sigma}) - \rho C_p \left[T\ln\frac{T}{T_0} - (T - T_0) \right] - \rho s_0 (T - T_0) \tag{3-52}$$

および

$$\rho s = -(\mathrm{tr}\boldsymbol{\sigma})^2 \frac{\partial}{\partial T}\left(\frac{\nu}{2E}\right) + \boldsymbol{\sigma}:\boldsymbol{\sigma}\frac{\partial}{\partial T}\left(\frac{1+\nu}{2E}\right) + (\mathrm{tr}\boldsymbol{\sigma})\frac{\partial}{\partial T}\left[\alpha_T(T - T_r)\right] + \rho C_p \ln\frac{T}{T_0} + \rho s_0 \tag{3-53}$$

を得る。

3.3.5　相変態を考慮した 1 次元モデル（集中モデル）の熱力学関係式

塑性変形理論に基づき相変態を定式化する。

ここまでの構成式および状態方程式をまとめると

▼　$$\boldsymbol{\varepsilon} = \boldsymbol{\varepsilon}^e + \boldsymbol{\varepsilon}^p \tag{3-26}$$

▼　$$\boldsymbol{\varepsilon}^e = -\rho\frac{\partial G}{\partial \boldsymbol{\sigma}} \tag{3-31}$$

▼　$$s = -\frac{\partial G}{\partial T} \tag{3-32}$$

▼　$$\Phi = \boldsymbol{\sigma}:\dot{\boldsymbol{\varepsilon}}^p - \left(\rho\frac{\partial G}{\partial \mathbf{Z}}\dot{\mathbf{Z}} + \frac{\mathbf{q}\cdot\mathrm{grad}\,T}{T} \right) \geq 0 \tag{3-33}$$

▼　$$\dot{\boldsymbol{\varepsilon}}^p = \dot{\Lambda}\frac{\partial F}{\partial \boldsymbol{\sigma}}$$
$$\dot{\mathbf{Z}} = \dot{\Lambda}\frac{\partial F}{\partial \mathbf{X}} \tag{3-37}$$

▼　$$\rho G = \frac{\nu}{2E}(\mathrm{tr}\boldsymbol{\sigma})^2 - \frac{1+\nu}{2E}\boldsymbol{\sigma}:\boldsymbol{\sigma} - \alpha_T(T - T_r)(\mathrm{tr}\boldsymbol{\sigma}) - \rho C_p \left[T\ln\frac{T}{T_0} - (T - T_0) \right] - \rho s_0 (T - T_0) \tag{3-52}$$

これらの構成式と状態方程式に、連続の式、

$$\blacktriangledown \quad \dot{\rho} + \rho\,\mathrm{div}\mathbf{v} = 0 \tag{3-7}$$

運動方程式、

$$\blacktriangledown \quad \rho\dot{\mathbf{v}} = \rho\mathbf{f} + \mathrm{div}\boldsymbol{\sigma} \tag{3-12}$$

熱エネルギー平衡式

$$\blacktriangledown \quad \rho\dot{u} = \boldsymbol{\sigma}:\dot{\boldsymbol{\varepsilon}} - \mathrm{div}\mathbf{q} + r \tag{3-15}$$

を連立し、解析対象の材料定数、境界条件の下で解くことにより、応力、ひずみ、温度、内部変数などの状態を求めることができる。

　ここで、単軸負荷を受ける集中モデルの場合を考える。このとき、式（3-26）、（3-31）、（3-32）、（3-33）、（3-37）、（3-52）は、それぞれ、

$$\blacktriangledown \quad \varepsilon = \varepsilon^e + \varepsilon^p \tag{3-54}$$

$$\blacktriangledown \quad \varepsilon^e = -\rho\frac{\partial G}{\partial \sigma} \tag{3-55}$$

$$\blacktriangledown \quad s = -\frac{\partial G}{\partial T} \tag{3-56}$$

$$\blacktriangledown \quad \Phi = \sigma\dot{\varepsilon}^p - \rho\frac{\partial G}{\partial \mathbf{Z}}\dot{\mathbf{Z}} \geq 0 \tag{3-57}$$

$$\blacktriangledown \quad \begin{aligned} \dot{\varepsilon}^p &= \dot{\Lambda}\frac{\partial F}{\partial \sigma} \\ \dot{\mathbf{Z}} &= \dot{\Lambda}\frac{\partial F}{\partial \mathbf{X}} \end{aligned} \tag{3-58}$$

$$\blacktriangledown \quad \rho G = -\frac{1}{2E}\sigma^2 - \alpha_T(T - T_r)\sigma - \rho C_p\left[T\ln\frac{T}{T_0} - (T - T_0)\right] - \rho s_0(T - T_0) \tag{3-59}$$

と書くことができる。

　SMA は A 相と M 相のバリアントから構成されるので、Gibbs の自由エネルギーやエントロピーはそれらの各相の量の和から構成される。

$$G(\sigma, T, z_\alpha) = \sum_\alpha z_\alpha G_\alpha(\sigma, T) \tag{3-60}$$

$$s_0 = \sum_\alpha z_\alpha s_{\alpha 0} \tag{3-61}$$

ただし、G_α は、α 相の Gibbs エネルギーで、式（3-59）より、

$$\rho G_\alpha = -\frac{1}{2E_\alpha}\sigma^2 - \alpha_T(T - T_r)\sigma - \rho C_p\left[T\ln\frac{T}{T_0} - (T - T_0)\right] - \rho s_{\alpha 0}(T - T_0) \tag{3-62}$$

である。$s_{\alpha0}$ は、$T = T_0$、$\sigma = 0$ における、α 相の単位質量あたりのエントロピーである。z_α は α 相の体積分率で、

$$\sum_\alpha z_\alpha = 1 \tag{3-63}$$

の関係がある。α にはオーステナイト相の A または応力誘起マルテンサイト相の SM など が入る。ここでは、簡単のため、線膨張係数 α_T、比熱 C_p、密度 ρ はどの相も同じ値と仮定 している。

全ひずみ ε は、式（3-54）に相変態によるひずみ ε^{tr} を追加して

▼　$\varepsilon = \varepsilon^e + \varepsilon^{tr} + \varepsilon^p$ $\tag{3-64}$

と仮定する。熱弾性ひずみは、式（3-60）、（3-62）を式（3-55）へ代入することにより、

▼　$\varepsilon^e = \sigma \sum_\alpha \dfrac{z_\alpha}{E_\alpha} + \alpha_T \left(T - T_r \right)$ $\tag{3-65}$

と得られる。変態ひずみ ε^{tr} は以下のように仮定する。

▼　$\varepsilon^{tr} = \sum_\alpha z_\alpha \varepsilon_\alpha$ $\tag{3-66}$

ただし、ε_α は結晶構造の違いに基づく α 相の変態ひずみ（固有ひずみ）である。

式（3-57）に変態ひずみを考慮すれば、

$$\Phi = \sigma \dot{\varepsilon}^p + \sigma \dot{\varepsilon}^{tr} - \rho \frac{\partial G}{\partial \mathbf{Z}} \dot{\mathbf{Z}} \geq 0$$
$$\Phi = \sigma \dot{\varepsilon}^p + \sigma \sum_\alpha \dot{z}_\alpha \varepsilon_\alpha - \rho \sum_\alpha \frac{\partial G}{\partial z_\alpha} \dot{z}_\alpha \geq 0 \tag{3-67}$$

となる。ここで、内部変数として、塑性ひずみに加えて、各相の体積分率を導入している。 実際には式（3-67）の関係を満足すればよいが、ここでは定式化をより簡単にするために、 式（3-67）より厳しい条件

$$\sum_\alpha \left(\sigma \varepsilon_\alpha - \rho \frac{\partial G}{\partial z_\alpha} \right) \dot{z}_\alpha \geq 0 \tag{3-68}$$

$$\sigma \dot{\varepsilon}^p \geq 0 \tag{3-69}$$

を採用する。さらに、相変態に関しては、各相間の相変態を個々に考えることにすると、 α 相から β 相への相変態では、

$$\left[\sigma \left(\varepsilon_\beta - \varepsilon_\alpha \right) - \rho \left(\frac{\partial G}{\partial z_\beta} - \frac{\partial G}{\partial z_\alpha} \right) \right] \dot{z}_{\alpha \to \beta} = \left[\sigma \left(\varepsilon_\beta - \varepsilon_\alpha \right) + \frac{1}{2} \left(\frac{1}{E_\beta} - \frac{1}{E_\alpha} \right) \sigma^2 + \rho \left(s_{\beta0} - s_{\alpha0} \right) \left(T - T_0 \right) \right] \dot{z}_{\alpha \to \beta} \geq 0$$
$$\tag{3-70}$$

となる。ただし、$z_{\alpha \to \beta}$ は、α 相から相変態した β 相の体積分率である。α 相から β 相への相変態を考えているので、$\dot{z}_{\alpha \to \beta} \geq 0$ より、

$$\sigma(\varepsilon_\beta - \varepsilon_\alpha) + \frac{1}{2}\left(\frac{1}{E_\beta} - \frac{1}{E_\alpha}\right)\sigma^2 + \rho(s_{\beta 0} - s_{\alpha 0})(T - T_0) \geq 0 \tag{3-71}$$

を得る。$\sigma = 0$ における可逆過程を仮定すると $T = T_0$ で相変態が生ずるので、T_0 を理想相変態温度とよぶ。$\Psi_{\alpha \to \beta} \geq 0$ となる $\Psi_{\alpha \to \beta}$ を導入すると、式（3-71）は、

▼ $$\sigma(\varepsilon_\beta - \varepsilon_\alpha) + \frac{1}{2}\left(\frac{1}{E_\beta} - \frac{1}{E_\alpha}\right)\sigma^2 + \rho(s_{\beta 0} - s_{\alpha 0})(T - T_0) = \Psi_{\alpha \to \beta} \tag{3-72}$$

と表すことができ、相変態条件を得る。式（3-72）の左辺を $\Pi_{\alpha \to \beta}$ とすると、

$$\Pi_{\alpha \to \beta} = \sigma(\varepsilon_\beta - \varepsilon_\alpha) + \frac{1}{2}\left(\frac{1}{E_\beta} - \frac{1}{E_\alpha}\right)\sigma^2 + \rho(s_{\beta 0} - s_{\alpha 0})(T - T_0) \tag{3-73}$$

は、α 相から β 相への変態駆動力（エネルギー）であり、右辺の $\Psi_{\alpha \to \beta}$ は α 相から β 相への相変態に必要なエネルギー（必要変態エネルギー、Required Transformation Energy：RTE）である。

　塑性ひずみに関しては、式（3-69）を満たす必要があるが、

$$\dot{\varepsilon}^p = 2\dot{\Lambda}\sigma; \ \dot{\Lambda} \geq 0 \tag{3-74}$$

と仮定することで、式（3-69）は満足できる。式（3-74）と式（3-58-1）との比較により、

$$\frac{\partial F}{\partial \sigma} = 2\sigma$$
$$F = \sigma^2 - \Psi_p^2 \tag{3-75}$$

ここで、

▼ $$F = \sigma^2 - \Psi_p^2 = 0 \tag{3-76}$$

は降伏曲面となり、この面内で降伏が発生し進行する。Ψ_p は初期降伏応力および後続降伏応力（Subsequent Yield Stress：SYS）を表す。後続降伏応力を塑性ひずみとともに増大するような塑性ひずみの関数で与えると、等方硬化を表現できる。また、変数 R を導入し、σ を $(\sigma - R)$ で置き換えることで、移動硬化を表現できる。後続降伏応力（等方硬化変数）Ψ_p の増大は、塑性負荷中に降伏曲面を等方的に膨張させ、移動硬化変数 R は塑性負荷中に降伏曲面の中心を移動させる。

　集中モデルの熱エネルギー平衡式を導出する。熱力学第 1 法則式（3-5）に関して、同じ始点と終点を有する別な可逆的な経路に沿った変化を考え、

$$\dot{K} + \dot{U} = \dot{Q}_{rev} + \dot{W}_{rev} \tag{3-77}$$

と書く。$\dot{Q}_{rev}$、$\dot{W}_{rev}$ はそれぞれ可逆経路に沿った熱量、仕事の変化である。運動エネルギー

と内部エネルギーは経路に依らないので、式（3-5）と式（3-77）より、

$$\dot{K} + \dot{U} = \dot{Q} + \dot{W} = \dot{Q}_{rev} + \dot{W}_{rev}$$
$$\dot{Q}_{rev} = \dot{Q} + \dot{W} - \dot{W}_{rev}$$

(3-78)

を得る。ここで、$\dot{W} - \dot{W}_{rev}$ は仕事損失である。ここでは仕事損失は、塑性変形と相変態のヒステリシスによるエネルギー損失から構成されると仮定すると、式（3-67）、（3-72）、（3-76）より、

$$\dot{W} - \dot{W}_{rev} = \Phi V = \left(\sigma \dot{\varepsilon}^p + \sigma \sum_\alpha \dot{z}_\alpha \varepsilon_\alpha - \rho \sum_\alpha \frac{\partial G}{\partial z_\alpha} \dot{z}_\alpha \right) V$$
$$= \left(\Psi_p \dot{\varepsilon}^p + \sum_{\alpha \to \beta} \Psi_{\alpha \to \beta} \dot{z}_{\alpha \to \beta} \right) V$$

(3-79)

で与えられる。ただし、V は、SMA の体積である。

エントロピーは、

$$s = \sum_\alpha z_\alpha s_\alpha$$

(3-80)

のように、各相のエントロピーの和から構成される。ただし、s_α は、α 相の単位質量あたりのエントロピーであり、式（3-60）、（3-62）を式（3-56）に代入することにより、

$$\rho s_\alpha = \sigma \alpha_T + \rho C_p \ln\left(\frac{T}{T_0}\right) + \rho s_{\alpha 0}$$

(3-81)

と得られる。式（3-80）に式（3-81）を代入し、微分すると、

$$\rho \dot{s} = \sum_\alpha \dot{z}_\alpha \left[\sigma \alpha_T + \rho C_p \ln\left(\frac{T}{T_0}\right) + \rho s_{\alpha,0} \right] + \sum_\alpha z_\alpha \left[\dot{\sigma} \alpha_T + \frac{\rho C_p}{T} \dot{T} \right]$$
$$= \sum_\alpha \rho s_{\alpha 0} \dot{z}_\alpha + \alpha_T \dot{\sigma} + \frac{\rho C_p}{T} \dot{T}$$

(3-82)

となり、可逆な熱流束は、

$$\dot{Q}_{rev} = T \rho \dot{s} V$$
$$= \left[\sum_{\alpha \to \beta} \rho (s_\beta - s_\alpha) T \dot{z}_{\alpha \to \beta} + \alpha_T T \dot{\sigma} + \rho C_p \dot{T} \right] V$$

(3-83)

で与えられる。ここで、$(s_\beta - s_\alpha) = (s_{\beta 0} - s_{\alpha 0})$ は一定と仮定している。

実際の熱流束は、ニュートンの冷却則より、

$$\dot{Q} = -hA(T - T_s)$$

(3-84)

で与えられる。ただし、h、A、T_s はそれぞれ、SMA とまわりの環境との間の熱伝達率、SMA の表面積、まわりの環境温度（外気温）である。

式（3-79）、（3-83）、（3-84）を式（3-78）へ代入すると、集中モデルの熱エネルギー平衡式

▼ $\quad \rho C_p \dot{T} + \sum_{\alpha \to \beta} \rho (s_\beta - s_\alpha) T \dot{z}_{\alpha \to \beta} + \alpha_T T \dot{\sigma} = -h \frac{A}{V}(T - T_s) + \sum_{\alpha \to \beta} \Psi_{\alpha \to \beta} \dot{z}_{\alpha \to \beta} + \Psi_p \dot{\varepsilon}^p$ $\qquad$ (3-85)

を得る。

3.3.6　1次元相変態モデル[1)6)-9)]

　相変態においては、温度変化や荷重負荷により一旦相変態した領域が、逆方向の温度変化や荷重の除荷により、元の相に戻る逆変態が生ずる可能性がある。このため、相変態、逆変態の進行規則を表すモデルが必要となる。ここでは、Ikeda et al. が提案している相変態進行モデルである、1次元相変態モデルを紹介する。**図3-5** にそのモデルの概念を示す。ここでは、棒状の試験片を考える。このモデルでは、無限小長さの要素が、それらのもつRTE の大きさが小さい順に下から上へ向かって直列に積み重なって棒を構成している。RTE の大小の順番は相変態前後の相により変化しないと仮定する。したがって、どの相も下から上へ相変態する。図3-5 では、試験片はA 相とSM 相の2 相から構成されている。同じ相の部分の長さを合計し全体長さで無次元化したものはその相の体積分率に対応する。そこで、縦軸を体積分率座標（Volume Fraction Coordinate : VFC）と呼ぶことにする。

　まず、（a）試験片全体がA 相である場合を考える、（b）引張力が作用し、応力がある臨界応力値を超える、すなわち、変態駆動力がその状態における必要変態エネルギーの値を超えると、A 相からSM 相への相変態がRTE の小さな下面から始まり、上方へ進行していく。次に、（c）引張力を除荷し、応力がある別の臨界応力値を下回ると、SM 相からA 相への相変態がRTE の小さな下面から始まり、上方へ進行していく。さらに、（d）この試験片を加熱し、試験片の温度がある臨界温度を超えると、SM 相からA 相へ相変態が生ずるが、この相変態もSM 相の最下面から始まり、上方へ進行していく。

　図3-5 に示すように相変態がVFC 上で1 次元的に発生、進行するので、このモデルを1次元相変態モデルと呼ぶ。このモデルを定式化すると、

▼ $\quad \Psi_{\alpha \to \beta} = \Psi_{\alpha \to \beta}[z_{\alpha 1}]$ $\qquad$ (3-86)

のように書ける。$\Psi_{\alpha \to \beta}[z_\beta]$、$z_{\alpha 1}$ は、それぞれ、α 相のみの状態から β 相のみの状態へ完全に相変態するときの RTE を表す関数、VFC における α 相領域の最小値である。式（3-86）は、相変態の方向が途中で変わり、小ヒステリシスループが生ずる部分相変態も表すことができる。また、ここでは、RTE の小さい順に粒子が積層した棒状の試験片を考えたが、集中モデルであるので、相変態の順序が不変と仮定できさえすれば、試験片の形状や粒子の並び方は任意である。

　図3-4（a）の最初の引張負荷部分を例として、RTE の具体的な関数形を提案する。このような温度一定と仮定できる準静的試験により得られたSE またはSME を示す応力とひずみのデータから、式（3-64）、（3-65）、（3-66）、（3-72）を用いて、RTE－体積分率関係が**図**

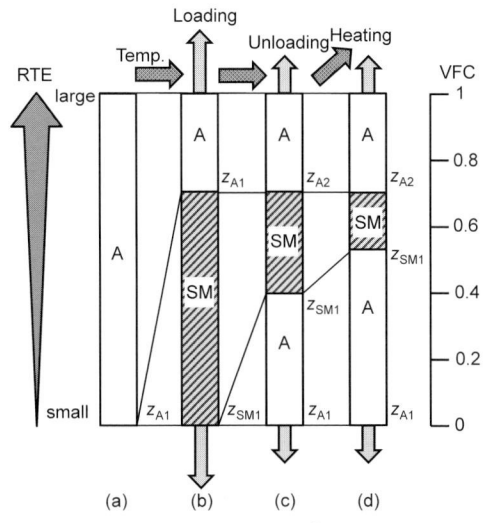

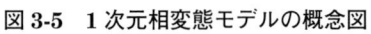

図 3-5　1 次元相変態モデルの概念図

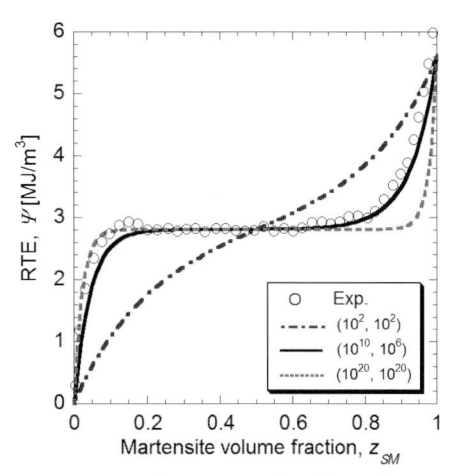

図 3-6　必要変態エネルギー関数の妥当性

3-6 の丸印のように得られる。この形から、RTE を

$$\Psi_{\alpha\to\beta}[z_{\alpha1}] = \Psi_{c1,\,\alpha\to\beta} + \Psi_{c2,\,\alpha\to\beta}\left[1 - a_{1,\,\alpha\to\beta}^{-z_{\alpha1}} + b_{\alpha\to\beta}a_{2,\,\alpha\to\beta}^{-(1-z_{\alpha1})}\right] \tag{3-87}$$

のように $z_{\alpha1}$ に関する指数関数の和の形式で表すことを提案する。ここで、$\Psi_{c1,\alpha\to\beta}$、$\Psi_{c2,\alpha\to\beta}$、$a_{1,\alpha\to\beta}$、$b_{\alpha\to\beta}$、$a_{2,\alpha\to\beta}$ は材料定数である。この場合は、$\Psi_{c1,A\to SM}=0$、$b_{A\to SM}=1$ とし、RTE の平坦部の値より、$\Psi_{c2,A\to SM}=2.81\mathrm{MJ/m}^3$ を得る。$(a_{1,\alpha\to\beta}, a_{2,\alpha\to\beta})$ は、試行錯誤により容易に決めることができる。図 3-6 の曲線が式（3-87）の形式の近似曲線であり、$(a_{1,A\to SM}, a_{2,A\to SM})$ を $(10^2,10^2)$、$(10^{10},10^6)$、$(10^{20},10^{20})$ とした場合の例を示している。それらの値は、RTE 曲線のそれぞれ急勾配部分から平坦部、平坦部から急勾配部へ変化する部分の曲率を表現し、値が大きくなると大きな曲率となる。この場合、$(a_{1,A\to SM}, a_{2,A\to SM})=(10^{10},10^6)$ のとき、計測値を精度よく近似している。

3.4　数値計算例

3.4.1　弾性・超弾性・形状記憶変形領域

　弾性・超弾性・形状記憶変形領域の SMA の変形挙動は、初期状態と環境状態、外力または変位を与え、$\varepsilon^p=0$ とした連立方程式（3-64）、（3-65）、（3-66）、（3-72）、（3-85）、（3-87）を解くことにより得られる。

　まず図 3-4（a）の大ヒステリシスループを再現する。このときの材料やまわりの環境に関する定数を表 3-1 に示す。図 3-7 は、丸印が応力−ひずみ関係の計測値を表し、曲線が図 3-6 に示した 3 種類の $(a_{1,\alpha\to\beta}, a_{2,\alpha\to\beta})$ の組み合わせに対する応力−ひずみ関係を表してい

表 3-1　材料、まわりの環境、試験条件に関する定数[26)]

定数	値	単位	説明
E_A	43.3	GPa	A 相の弾性係数
E_{SM}	22.9	GPa	SM 相の弾性係数
E_{TM}	22.9	GPa	TM 相の弾性係数
ε_A	0	–	A 相の固有ひずみ
ε_{SM}	0.0304	–	SM 相の固有ひずみ
ε_{TM}	0	–	TM 相の固有ひずみ
$T_{A\leftrightarrow SM}$	248.6	K	A 相と SM 相と間の理想相変態温度（図 3-7、3-8、3-10、3-12）
	243.4	K	A 相と SM 相と間の理想相変態温度（図 3-9）
$T_{A\leftrightarrow TM}$	248.6	K	A 相と TM 相と間の理想相変態温度（図 3-7、3-8、3-10、3-12）
	243.4	K	A 相と TM 相と間の理想相変態温度（図 3-9）
ρC_p	2.97	MJ/(m^3·K)	単位体積あたりの定圧熱容量
$\rho\Delta s$	-0.246	MJ/(m^3·K)	A 相に対する SM 相または TM 相の単位体積あたりのエントロピー
α_T	1.04×10^{-5}	1/K	線膨張係数
h	43.4	W/(m^2·K)	試験中の熱伝達係数
d	0.75	mm	SMA ワイヤーの直径
A/V	5.33×10^3	1/m	SMA ワイヤーの表面積と体積の比
T_s	291.2	K	外気温（図 3-7、3-8）
	296.5	K	外気温（図 3-9）
$\Psi_{c1,\alpha\to\beta}$	0	MJ/m^3	RTE の定数（α,β = A, SM, TM）
$\Psi_{c2,\alpha\to\beta}$	2.81	MJ/m^3	RTE の定数（α,β = A, SM, TM）
$a_{1,A\to SM}$	1×10^{10}	–	RTE の定数
$a_{2,A\to SM}$	1×10^6	–	RTE の定数
$a_{1,SM\to A}$	1×10^6	–	RTE の定数
$a_{2,SM\to A}$	1×10^{10}	–	RTE の定数
$a_{1,TM\to A}$	1×10^6	–	RTE の定数
$a_{2,TM\to A}$	1×10^{10}	–	RTE の定数
$a_{1,A\to TM}$	1×10^{10}	–	RTE の定数
$a_{2,A\to TM}$	1×10^6	–	RTE の定数
$a_{1,TM\to SM}$	1×10^6	–	RTE の定数
$a_{2,TM\to SM}$	1×10^6	–	RTE の定数
$|\dot{\varepsilon}|$	1×10^{-4}	1/s	ひずみ速度（図 3-7、3-8、3-10、3-12）

る。どの場合も、負荷により大きなひずみを与えても、除荷により完全に元の状態に戻る様子や、大きなヒステリシスループを表すことができることがわかる。また、マルテンサイト変態では $(a_{1,A\to SM}, a_{2,A\to SM}) = (10^{10}, 10^6)$、逆変態では $(a_{1,SM\to A}, a_{2,SM\to A}) = (10^6, 10^{10})$ とした場合、応力－ひずみ関係の急勾配部分から平坦部、平坦部から急勾配部へ変化する部分の曲率を精度よく近似できていることがわかる。

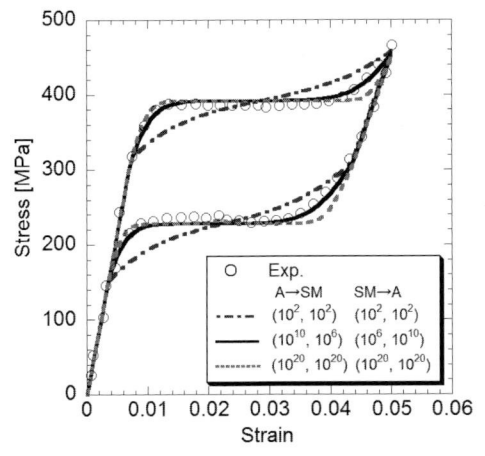

図 3-7　**RTE** 関数の定数 $(a_{1,\alpha\to\beta}, a_{2,\alpha\to\beta})$ の組み合わせに対する応力−ひずみ線図の変化の様子

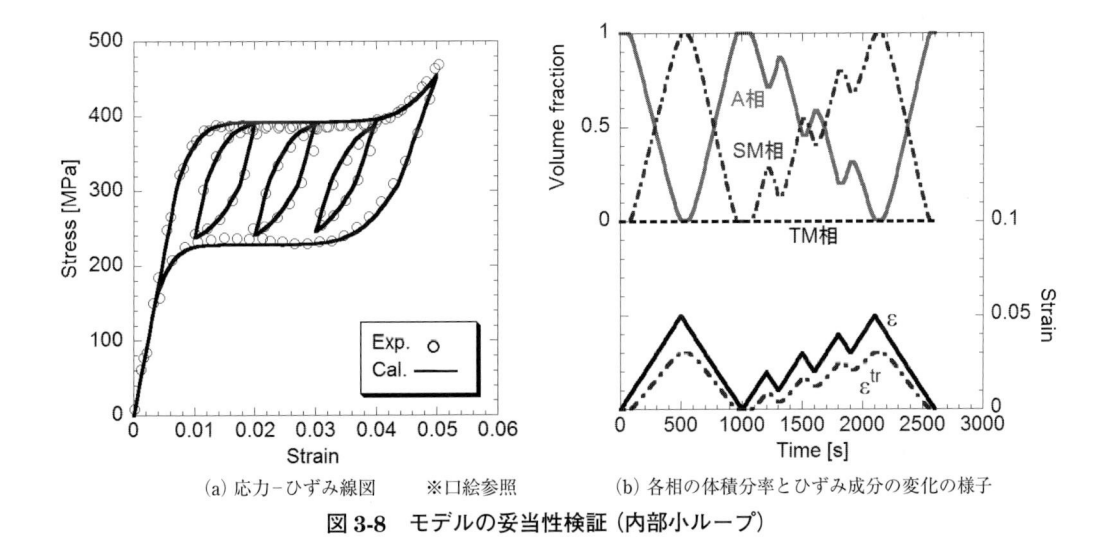

(a) 応力−ひずみ線図　　※口絵参照　　　(b) 各相の体積分率とひずみ成分の変化の様子

図 3-8　モデルの妥当性検証（内部小ループ）

　図 3-8（a）は、内部小ループを再現している。図 3-8（b）には、実験では計測できない内部変数である各相の体積分率と変態ひずみの変化の様子を示している。荷重の負荷、除荷により、それぞれ A 相から SM 相へのマルテンサイト変態、SM 相から A 相への逆変態が生じ、SM 相の増減に伴い変態ひずみ ε^{tr} が増減していることがわかる。

　図 3-9（a）は図 3-4（c）の負荷周波数の影響を再現している。また、図 3-9（b）は図 3-4（c）の場合の温度−ひずみ線図である。ここでは、ひずみは（1−cos）関数で与えている。負荷周波数 0.001Hz の場合は、材料温度は外気温度とほぼ等しく一定となり、相変態中の応力もほぼ一定となる。負荷周波数 0.01Hz の場合は、材料温度が外気温より、ひずみ増加時に高くなり、ひずみ減少時に低くなることにより、変態時の応力も、ひずみ増加時は0.001Hz の場合より高くなり、減少時は低くなる。0.1Hz、1HZ の場合は、ひずみの増加、

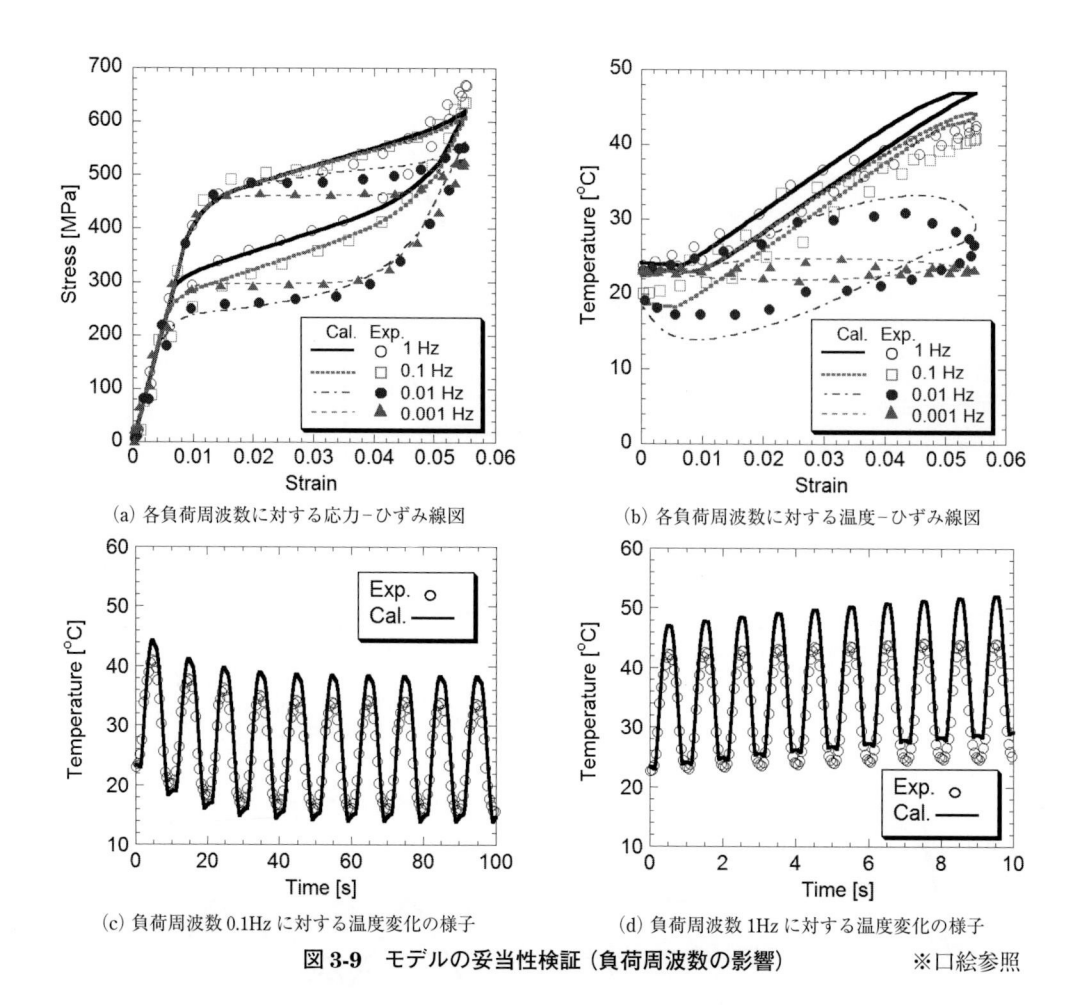

(a) 各負荷周波数に対する応力−ひずみ線図　　　　　(b) 各負荷周波数に対する温度−ひずみ線図

(c) 負荷周波数0.1Hz に対する温度変化の様子　　　　(d) 負荷周波数1Hz に対する温度変化の様子

図 3-9　モデルの妥当性検証（負荷周波数の影響）　　　　※口絵参照

減少に伴い、材料温度、変態応力ともにほぼ同位相で増加、減少する。図 3-9（c）、（d）は負荷周波数が、0.1Hz と 1Hz の場合の最初の 10 周期の温度変化の様子を示す。ひずみの増加、減少の 1 サイクル中に温度が上昇、下降しながら、サイクル数の増加に伴い平均温度は、0.1Hz の場合は下降し、1Hz の場合は上昇する。計測値である記号と計算値を表す曲線の比較から、提案したモデルが、応力−ひずみ関係、温度−ひずみ関係、温度変化の様子も精度よく表すことができることがわかる。

　ここでは、SMA ワイヤーの引張負荷、除荷に対する計算例を示したが、この 1 次元相変態モデルの構成式は、引張・圧縮の非対称な応力−ひずみ線図[7)8)]や引張・捩りの組合せ負荷状態[9)]なども表現することができる。

3.4.2　塑性変形領域

　弾性・超弾性・形状記憶変形領域を記述する方程式に加えて、材料の降伏を表す式（3-76）を追加することにより、塑性領域も含めた SMA の変形挙動が得られる。式（3-76）で SYS

はしばしば、塑性ひずみの進行とともに増大するが、一定値に収束するような関数

$$\Psi_p = \sigma_Y \left[B_1 + (1 - B_1) \exp(-B_2 \varepsilon^p) \right] \tag{3-88}$$

または、塑性ひずみの進行とともに線形的に増大するような関数

$$\Psi_p = \sigma_Y + E_p \varepsilon^p \tag{3-89}$$

で与えられる。ただし、σ_Y は初期降伏応力、B_1、B_2、E_p は、材料定数である。

　ここでは、SYS として、式（3-88）を採用する。**表 3-2** に表 3-1 以外で計算に使用した材料定数を示す。SMA は、1000MPa で降伏し、塑性が進行するに従い、降伏応力は 1050MPa に漸近的に収束すると仮定する。

　図 3-10（a）に外気温が－60℃、20℃、100℃、180℃の場合に、ひずみ 5％まで負荷した後、応力 0MPa まで除荷し、その後、ひずみ 8％まで負荷した後、応力 0MPa まで除荷したときの応力－ひずみ線図の計算例を示す。また、図 3-10（b）～（e）には、負荷、除荷に伴う、各相の体積分率と変態ひずみ ε^{tr}、塑性ひずみ ε^p の変化の様子を示す。

　外気温が－60℃のときは、初期状態で SMA は TM 相であり、負荷と同時に SM 相に双晶変形していき、ひずみ 5％においては、材料全体が SM 相になっている。除荷により、弾性変形分のひずみは回復するが、SM 相のひずみが残留する。その後の負荷により、応力は 1000MPa を超え、塑性変形が発生する。8％ひずみまで負荷した後、除荷すると、SM 相の変態ひずみと、塑性ひずみが残留する。ただし、SM 相の残留ひずみに関しては、加熱により回復させることができる。外気温が 20℃のときには、初期状態で SMA は A 相の状態にある。ひずみが小さい間は弾性変形をするが、応力が 300MPa を超えた辺りから、マルテンサイト変態が発生し、400MPa 付近で相変態が大きく進行する。ひずみ 5％においては、ほぼ材料全体が SM 相に相変態し、除荷により、完全に A 相に逆変態し、ひずみはゼロとなる。引き続く負荷により、再度完全にマルテンサイト変態し SM 相となり、ひずみ 8％までに応力は 1000MPa を超え、塑性変形が発生する。除荷により、SM 相は A 相に逆変態し変態ひずみはゼロとなるが、塑性ひずみは残留する。100℃では、応力が 800MPa 辺りからマルテンサイト変態が発生し、ひずみ 5％では 6 割程度 SM 相に変態する。除荷により逆変態し、ひずみはゼロとなる。その後の負荷により塑性変形し、除荷後に塑性ひずみが残留する。180℃においては、マルテンサイト変態応力が降伏応力よりも大きくな

表 3-2　計算例に用いた塑性変形に関する材料定数

定数	値	単位	説明
σ_Y	1000	MPa	初期降伏応力
B_1	1.05	－	SYS の定数
B_2	100	－	SYS の定数

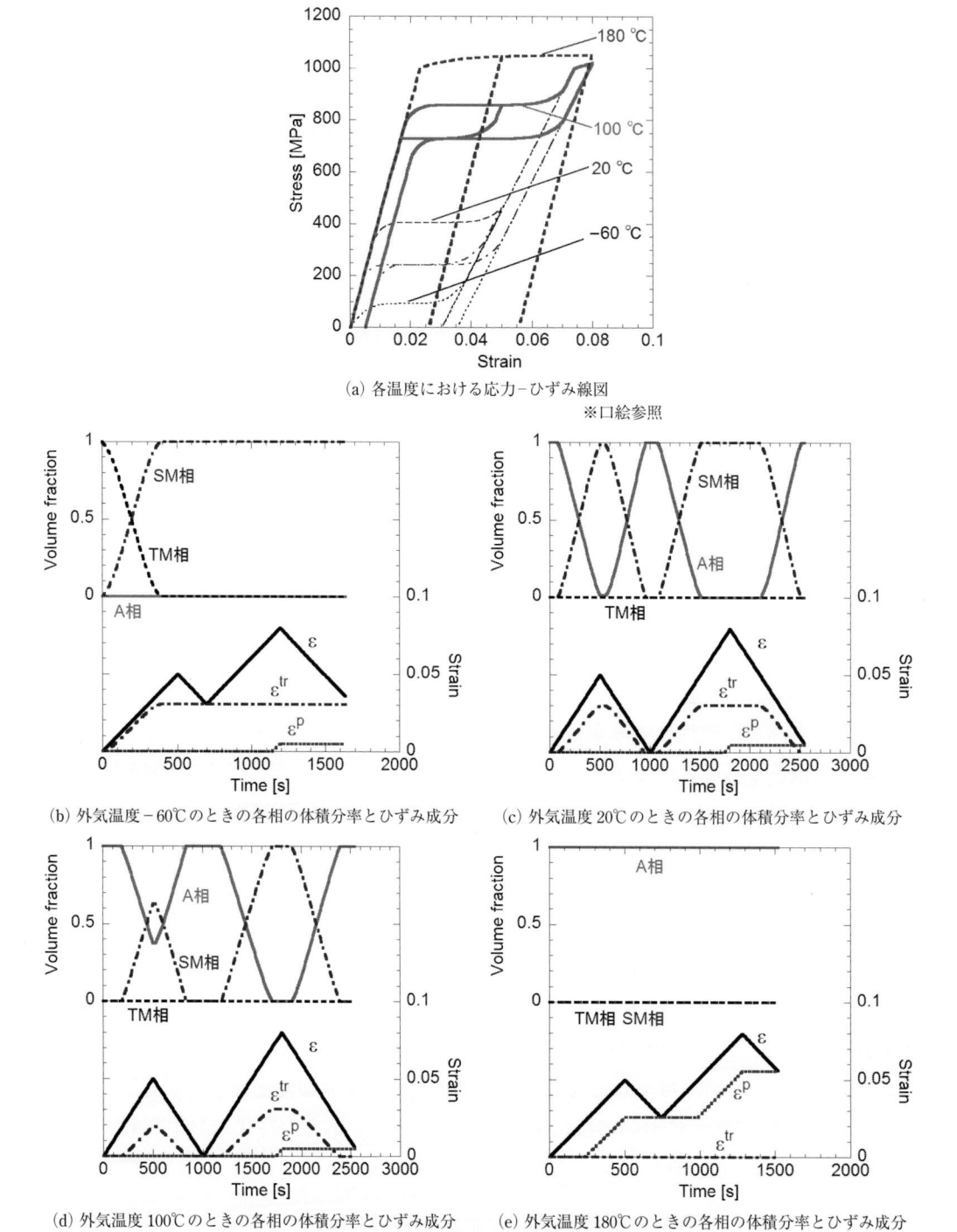

(a) 各温度における応力–ひずみ線図

※口絵参照

(b) 外気温度−60℃のときの各相の体積分率とひずみ成分

(c) 外気温度20℃のときの各相の体積分率とひずみ成分

(d) 外気温度100℃のときの各相の体積分率とひずみ成分

(e) 外気温度180℃のときの各相の体積分率とひずみ成分

図 3-10　塑性変形領域を含む SMA の変形挙動の計算例

り、マルテンサイト変態が発生する前に塑性変形が生じる。5%ひずみにおいても、除荷により塑性変形が残留する。以上より、このモデルが図 3-3 に示した相変態と塑性変形の模式図を適切に表現できていることがわかる。

3.5　相変態誘起塑性

　形状記憶合金に荷重が繰返し負荷、除荷されると、繰返し数の増加とともに、マルテンサイト変態や逆変態が発生する応力は低下し、除荷後に残留するひずみ量が増加する。また、この変態応力の低下量と残留ひずみの増加量は、繰返し数の増加とともに、減少するような現象が観測される[27)28)]。この原因は次のように説明される。繰返し荷重の負荷・除荷中に、合金内をオーステナイト相とマルテンサイト相の界面が移動すると、界面周辺に転移が堆積し、局所的にひずみが残留する。この局所残留ひずみは全体の残留ひずみとなる。また、局所的な残留ひずみは、局所残留応力を発生し、相変態が発生しやすくなり、マルテンサイト変態応力と逆変態応力は低下する。これらの局所的現象は飽和していき、変態応力の減少量、残留ひずみの増加量は繰返し数とともに減少する。

　このような繰返し変形中に観測される現象を表現するために、Tanaka et al.[29)30)]は、局所残留応力、局所残留ひずみ、局所残留応力によって誘起される残留マルテンサイト相の体積分率を新しい内部変数として導入した。SMA の基本的な変形挙動は、繰返し変形に対して不変な構成式によって支配されるが、局所的な応力、ひずみ、マルテンサイト相の体積分率は、それぞれ、局所残留応力、局所残留ひずみ、局所残留マルテンサイト相の体積分率に影響を受けると仮定した。局所残留応力は相変態が生じている間だけ進む時間に関する指数関数とすることで、局所残留応力の値はその時間が長時間経過すると一定値に収束すると仮定した。また、局所残留ひずみと局所残留マルテンサイト相の体積分率は、局所残留応力の関数と仮定した。Abeyaratne and Kim[31)]は、一次元的な座標をもつモデルを考え、ある位置での残留応力は、その位置で各相変態が生じた回数とともに増加する仮定した。Bo and Lagoudas[32)]は応力誘起マルテンサイト相への相変態量を累積した累積応力誘起マルテンサイト変態量を導入し、塑性ひずみは、累積応力誘起マルテンサイト変態量の関数と仮定した。移動硬化変数は、累積応力誘起マルテンサイト変態量の関数、等方硬化変数は、温度誘起マルテンサイト相への変態も含めた全マルテンサイト変態量の関数と仮定した。Naito et al.[33)]は、残留マルテンサイト相をオーステナイト相に並列に接続することで、オーステナイト相の残留応力を考えた。残留マルテンサイト相の体積分率は負荷サイクル数の関数と仮定した。Auricchio et al.[34)]は、累積マルテンサイト変態量の増加とともに、マルテンサイト変態応力が減少し、残留マルテンサイト相の体積分率が増加し、累積逆変態量の増加とともに逆変態温度が増加すると仮定した。また、それらはそれぞれある一定値に収束すると仮定した。

ここでは、上述のモデルを参考にして、簡易な形式で、相変態誘起塑性を表現する。新しい内部変数として、残留応力（Residual stress）σ^{res}、残留ひずみ（Residual strain）ε^{res} を導入する。また、オーステナイト相とマルテンサイト相の界面の移動により、転移が蓄積することが、残留応力などの原因となるので、これらの量を、界面の総移動量の関数で表すことができると仮定する。界面の総移動量は、

$$\zeta = \frac{1}{2} \sum_{\alpha = A \to SM, SM \to A} \int \sqrt{(dz_\alpha)^2} \tag{3-90}$$

で定義する累積相変態量で表す。σ^{res}、ε^{res} は、ζ とともに増加するが、その増加の割合は ζ とともに減少すると仮定する。ここでは、これらの変化の様子を表すために、例として、Tanaka et al.[29)30)] が提案した指数関数

$$\sigma^{res} = \sigma^{res}_{\infty} \left(1 - exp(-K_s \xi)\right) \tag{3-91}$$

$$\varepsilon^{res} = \left(\frac{\sigma^{res}}{E^{res}}\right)^n \tag{3-92}$$

を採用する。ただし、σ^{res}_{∞} は残留応力の収束値、K_s、E^{res}、n は材料定数である。また、前節までの応力、ひずみ、σ、ε を局所的な応力、ひずみと考え、試験をした場合に観測される全体応力（Global stress）と全体ひずみ（Global strain）を、

$$\sigma^g = \sigma - \sigma^{res}$$
$$\varepsilon^g = \varepsilon + \varepsilon^{res} \tag{3-93}$$

で与える。あとで説明するが、ここで定義した残留ひずみは、応力 0MPa での全体ひずみとは一致しないことに注意が必要である。

　表 3-3 に表 3-1 以外で計算に用いた材料定数など、図 3-11 に式（3-91）、（3-92）で計算される累積相変態量に関して指数関数で表した残留応力および残留ひずみ、図 3-12 に全体ひずみを 5％まで負荷、全体応力を 0MPa まで除荷するサイクルを 20 サイクル繰返したときの全体応力−全体ひずみ関係の計算例を示す。

　累積相変態量は、相変態が完了すると 1 増加し、逆変態も含め、1 サイクルで、2 増加す

表 3-3　計算例に用いた相変態誘起塑性変形に関する材料定数と外気温

定数	値	単位	説明
σ^{res}_{∞}	200	MPa	残留応力の収束値
K_s	0.1	−	残留応力の収束早さに関する定数
E^{res}	43.3	GPa	残留ひずみに関する定数
n	1.5	−	残留ひずみに関する定数
T_s	293.15	K	外気温

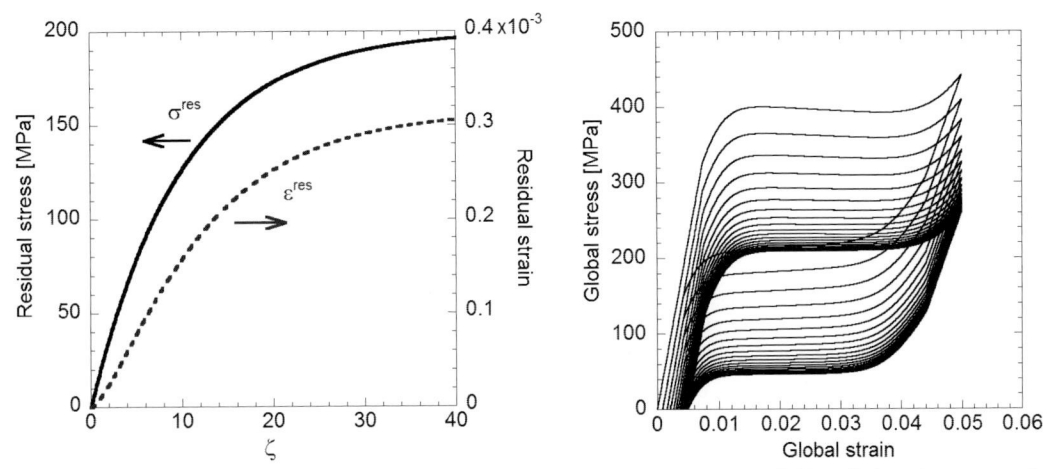

図3-11　式（3-91）、（3-92）で仮定した累積相変態　図3-12　相変態誘起塑性を考慮した SMA の変
量に対する残留応力と残留ひずみの変化　　　形挙動の計算例

る。図 3-11 より、10 サイクルで、残留応力は 170MPa、残留ひずみは 0.00025、20 サイク
ルで、残留応力は 200MPa、残留ひずみは 0.00031 となる。このため、図 3-12 の応力−ひず
み線図では、変態応力がその程度低下している。残留ひずみに関しては、このモデルでは
累積相変態量の増加に伴い応力−ひずみ線図全体が低下するので、応力−ひずみ線図の低下
分の弾性ひずみ、170MPa では 0.0039、200MPa では 0.0046 に残留ひずみ成分を加えたひ
ずみが応力 0MPa で残留することになる。

3.6　簡素化モデルによる解析解[10)]

3.6.1　簡素化モデルの定式化

　3.4 で、集中モデルの構成式により、SMA の応力−ひずみ関係が環境温度や負荷周波数
により変化する様子や、SMA の温度が負荷周波数により振動しながら上昇したり下降した
りする挙動を精度よく表すことができることを示した。しかしながら、このモデルでは、
材料定数や試験条件の何がこれらの挙動に影響を与えるのかを陽に知ることはできない。
そこで、集中モデルに対してさらにいくつかの仮定を設け、相変態条件（式（3-72））、構
成式（式（3-64）〜（3-66））、熱エネルギー平衡式（式（3-85））を簡素化し、その解析解
を基にして、SMA の変形挙動を考察する。ここでは、A 相と SM 相との間の相変態を考え、
塑性変形は考えない。

　まず、相変態条件を簡素化する。$E_{SM} = E_A = E$、$\Psi_{A \to SM} = \Psi_{SM \to A} = \Psi = $ 一定と仮定すると、
式（3-72）は

$$\begin{cases} \sigma_{A\to SM}\Delta\varepsilon + \rho\Delta s(T - T_{A\leftrightarrow SM}) = \Psi \\ -\sigma_{SM\to A}\Delta\varepsilon - \rho\Delta s(T - T_{A\leftrightarrow SM}) = \Psi \end{cases} \tag{3-94}$$

と簡素化され、変態応力は、

▼
$$\begin{cases} \sigma_{A\to SM} = \dfrac{-\rho\Delta s}{\Delta\varepsilon}(T - T_{A\leftrightarrow SM}) + \dfrac{\Psi}{\Delta\varepsilon} \\ \sigma_{SM\to A} = \dfrac{-\rho\Delta s}{\Delta\varepsilon}(T - T_{A\leftrightarrow SM}) - \dfrac{\Psi}{\Delta\varepsilon} \end{cases} \tag{3-95}$$

のように得られる。ただし、$\sigma_{A\to SM}$、$\sigma_{SM\to A}$ はそれぞれ、A 相から SM 相、SM 相から A 相へ相変態するときの変態応力、$\Delta\varepsilon = \varepsilon_{SM} - \varepsilon_A$、$\Delta s = s_{SM} - s_A$ である。式（3-95）より、応力－ひずみ関係のヒステリシスの大きさは $2\Psi/\Delta\varepsilon$ で、変態応力は単位温度あたり $-\rho\Delta s/\Delta\varepsilon$ だけ増加することがわかる。

次に、構成式を簡素化する。$E_{SM} = E_A = E$、熱膨張ひずみは変態ひずみと比較して無視できると仮定すると、式（3-64）～（3-66）は、

▼
$$\varepsilon = \frac{\sigma}{E} + \Delta\varepsilon z_{SM} + \varepsilon_A \tag{3-96}$$

となる。

最後に熱エネルギー平衡式（3-85）を簡素化する。$\Psi_{A\to SM} = \Psi_{SM\to A} = \Psi$ とし、熱弾性効果が潜熱と比較し無視でき、SM 相の体積分率の変化が

$$z_{SM} = 0.5\{1 - \cos(2\pi ft)\} \tag{3-97}$$

のような（$1-\cos$）関数で与えられ、温度変化量が外気温の絶対温度と比較し無視できる量であり、RTE による生成熱が一定で $\Psi\pi f/2$ で表すことができると仮定すれば、式（3-85）は

$$\frac{d\Theta}{dt} + H\Theta = S\pi f\sin(2\pi ft) + F\frac{\pi f}{2} \tag{3-98}$$

となる。ただし、f は負荷周波数、$\Theta = T - T_s$、$H = hA/(V\rho C_p)$、$S = -\Delta s T_s/C_p$、$F = \Psi/(\rho C_p)$ である。初期値として $t=0$ で $\Theta=0$ とすれば、式（3-98）は、

▼
$$\Theta = \Theta_1 e^{-Ht} + \Theta_2\sin(2\pi ft - \phi) + \Theta_3 \tag{3-99}$$

のように積分できる。ただし、

$$\Theta_1 = \Theta_2\sin\phi - \Theta_3, \quad \Theta_2 = \frac{S\pi f}{\sqrt{(2\pi f)^2 + H^2}} = \frac{S}{2}\frac{(2\pi f/H)}{\sqrt{(2\pi f/H)^2 + 1}},$$

$$\Theta_3 = \frac{F}{H}\frac{\pi f}{2} = \frac{F}{4}\left(\frac{2\pi f}{H}\right), \quad \phi = \tan^{-1}\left(\frac{2\pi f}{H}\right) \tag{3-100}$$

または、それらは、ϕ を使って

$$\Theta_1 = \frac{S}{2}\sin^2\phi - \frac{F}{4}\tan\phi, \quad \Theta_2 = \frac{S}{2}\sin\phi, \quad \Theta_3 = \frac{F}{4}\tan\phi \qquad (3\text{-}101)$$

のように書き換えられる。

式（3-99）において、H が正なので、$t\to\infty$ のとき第 1 項がゼロとなり、温度は正弦振動しながら、平均温度はある値に漸近的に収束することがわかる。

図 3-13 (a)、(b)、(c) は、それぞれ、負荷周波数（$2\pi f/H$）に対する $\Theta_1/(F/4)$、$\Theta_2/(S/2)$、ϕ の変化の様子を表している。Θ_1 は Θ_2、Θ_3、ϕ から計算でき、平均温度の時間依存項を表す。$\Theta_1>0$ のとき平均温度は時間とともに増加し、$\Theta_1<0$ のとき平均温度は減少する。$(2\pi f/H)=0$ で、$\Theta_1=0$、$d\Theta_1/d(2\pi f/H)<0$、$(2\pi f/H)\to\infty$ となるに従い、$\Theta_1\to-\infty$ となる。$2S/F$ が 2 より大きいとき、

$$\blacktriangledown \quad \frac{S}{F} - \sqrt{\left(\frac{S}{F}\right)^2 - 1} < \left(\frac{2\pi f}{H}\right) < \frac{S}{F} + \sqrt{\left(\frac{S}{F}\right)^2 - 1} \qquad (3\text{-}102)$$

の周波数範囲で、Θ_1 は正の値をとり得、平均温度は低下する。

Θ_2 は S、H、f から計算でき、振動する温度の振幅を表す。$(2\pi f/H)$ の増加に従い、Θ_2

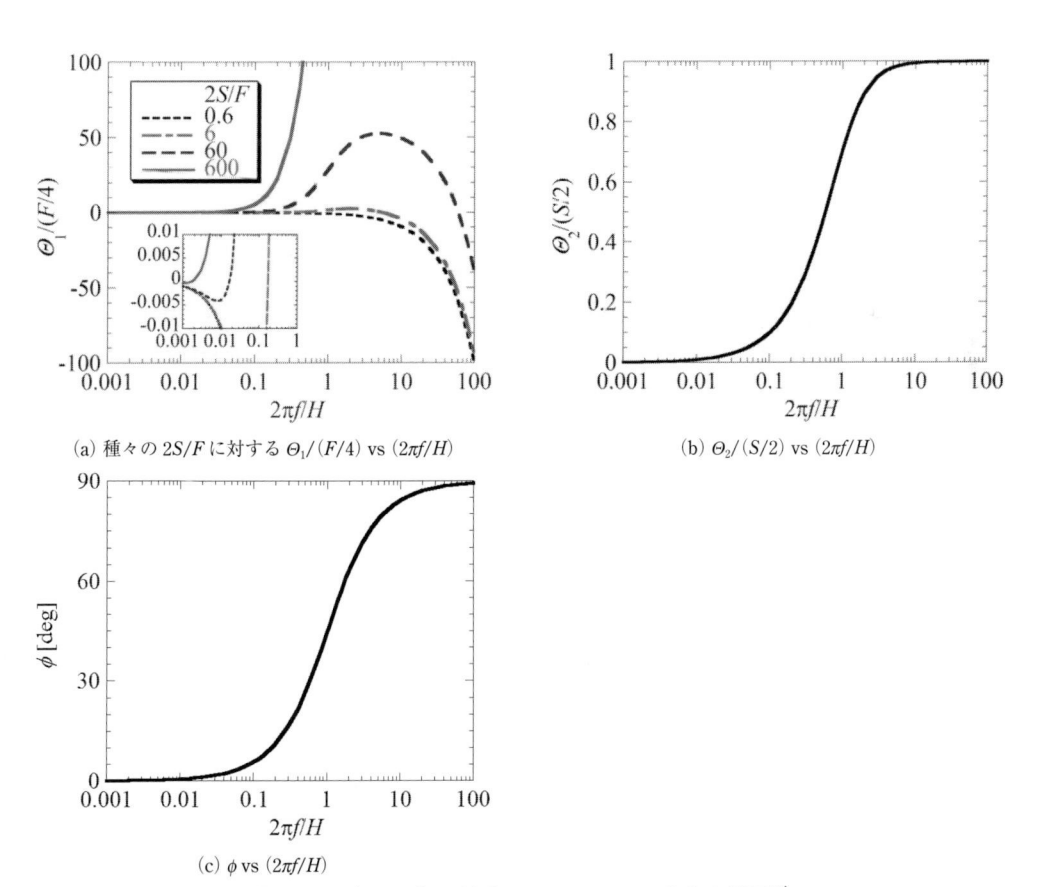

(a) 種々の $2S/F$ に対する $\Theta_1/(F/4)$ vs $(2\pi f/H)$

(b) $\Theta_2/(S/2)$ vs $(2\pi f/H)$

(c) ϕ vs $(2\pi f/H)$

図 3-13　$(2\pi f/H)$ に対する Θ_1、Θ_2、ϕ の変化の様子[10]

は増大し、$(2\pi f/H) \to \infty$ となると、$S/2$ に収束する。この場合、あとで説明するように温度も無限大に増加するので、温度変化量が外気温の絶対値と比較し無視できるという仮定は満足しない。

Θ_3 は F、H、f から計算でき、$(2\pi f/H)$ に比例する。Θ_3 は平均温度の $t \to \infty$ における収束値を表す。$t=0$ での平均温度は $\Theta_1 + \Theta_3$ で与えられる。

ϕ は f と H から計算でき、z_{SM} と Θ との位相差に関する量を表す。$(2\pi f/H)=0$ のとき $\phi=0$ 度となり、Θ が z_{SM} と比較し 90 度位相が進み、$(2\pi f/H) \to \infty$ のとき $\phi \to 90$ 度となり、Θ と z_{SM} の位相が一致する。

式（3-99）から、等温変化に対応する $H \to \infty$ のとき、$e^{-Ht} \to 0$、$\Theta_2 \to 0$、$\Theta_3 \to 0$ なので、

$$\Theta = 0 \tag{3-103}$$

となり、温度は外気温と一致し変化しない。断熱変化に対応する $H \to 0$ のとき、式（3-98）を $H=0$ として積分すると、

$$\Theta = \frac{S}{2}\{1-\cos(2\pi ft)\} + F\frac{\pi f}{2}t \tag{3-104}$$

となり、温度は SM 相の体積分率と同位相で振動しながら、平均値は時間に対して線形的に増加し続けることがわかる。

3.6.2 数値例

簡素化モデルでは、SMA の性質の概略を調べるため、材料および試験環境条件から得られる定数 H、S、F は、表 3-1 を元にし、**表 3-4** のように 1 桁の概略値として与えた。このとき、材料および試験環境条件は**表 3-5** のように仮定できる。表 3-5 と式（3-95）より、応力−ひずみ関係のヒステリシスの大きさは $2\Psi/\Delta\varepsilon = 200$MPa で、変態応力は単位温度あたり $-\rho\Delta s/\Delta\varepsilon = 10$MPa/K だけ増加することになる。それらの値は、図 3-4 の応力−ひずみ関係の計測値や図 3-10 の計算値と概ね一致している。

表 3-4 の H、S、F といくつかの負荷周波数に対して、Θ_1、Θ_2、Θ_3、ϕ の値を計算すると**表 3-6** のようになる。また、式（3-102）の平均温度が低下する負荷周波数の範囲は、2.65×10^{-4}Hz$< f <0.955$Hz となる。表 3-6 の範囲では、1Hz のときのみ Θ_1 が負であることが確認でき、0.001Hz から 0.1Hz までは平均温度が低下する。

また、簡素化モデルを使った解析解を用いて、図 3-9 の実験による計測値や数値計算結果を**図 3-14** に再現する。応力−ひずみ線図、SMA の温度と環境温度の差−ひずみ線図は、式（3-99）から計算された温度、その温度を式（3-95）へ代入することで計算できる相変態中の応力、その応力と式（3-97）によって与えられた SM 相の体積分率を式（3-96）へ代入することによって計算できるひずみから得ることができる。ここで、弾性変形の時間は短く、その間で温度は変化しないと仮定している。図 3-14 を図 3-9 と比較すると、解析解は

表 3-4　計算に用いた定数 H、S、F の値

定数	値	単位	説明
H	0.1	s^{-1}	熱伝達係数と熱容量の比
S	30	K	潜熱と熱容量の比
F	1	K	熱生成と熱容量の比

表 3-5　表 3-4 の定数 H、S、F の値を得るための材料および試験環境に関する定数

定数	値	単位	説明
E	30	GPa	A 相、SM 相の弾性係数
$\Delta\varepsilon$	0.03	–	SM 相と A 相の固有ひずみの差
$T_{A\leftrightarrow SM}-T_s$	-40	K	A 相と SM 相と間の理想相変態温度と外気温の差
ρC_p	3	$\text{MJ}/(\text{m}^3\cdot\text{K})$	単位体積あたりの定圧熱容量
$\rho\Delta S$	-0.3	$\text{MJ}/(\text{m}^3\cdot\text{K})$	A 相に対する SM 相または TM 相の単位体積あたりのエントロピー
h	57	$\text{W}/(\text{m}^2\cdot\text{K})$	試験中の熱伝達係数
A/V	5.3×10^3	1/m	SMA ワイヤーの表面積と体積の比
T_s	300	K	外気温
Ψ	3	MJ/m^3	RTE

表 3-6　いくつかの負荷周波数に対する Θ_1、Θ_2、Θ_3、ϕ

$f\,[\text{Hz}]$	$\left(\dfrac{2\pi f}{H}\right)$	$\Theta_1\,[\text{K}]$	$\Theta_2\,[\text{K}]$	$\Theta_3\,[\text{K}]$	$\phi\,[\text{deg}]$
0.001	0.0628	0.0433	0.941	0.0157	3.60
0.01	0.628	4.09	7.98	0.157	32.1
0.1	6.28	13.1	14.8	1.57	81.0
1	62.8	-0.712	15.0	15.7	89.1

実験データの傾向を定性的に捉えられることがわかる。負荷周波数 0.001Hz では、$(2\pi f/H)$ が小さいため、温度振幅 Θ_2、温度の収束値 Θ_3 も小さく、SMA の温度はほぼ外気温と等しく一定で、変態応力もほぼ一定値をとる。負荷周波数 0.01Hz では、平均温度や温度振幅、温度と SM 相の体積分率すなわち変態ひずみとの位相差の関係から、SMA の温度は、概ね、ひずみ増加時に外気温より上昇し、ひずみ減少時に外気温より低下する。そのため、変態応力も、ほぼ等温過程である負荷周波数 0.001Hz の場合より、ひずみ増加時に増加し、ひずみ減少時に低下し、応力－ひずみ線図は膨らんだ形状となる。負荷周波数 0.1Hz、1Hz のときは、温度とひずみとの位相差がほぼなくなり、ひずみの増減とともに、温度が増減する。そのため、応力－ひずみ関係は右上がりの形状となる。また、表 3-6 より、負荷周波数 0.1Hz のときは、温度振幅は 14.8K、平均温度は、$t=0$ のとき 14.7K、$t\to\infty$ で 1.57K に

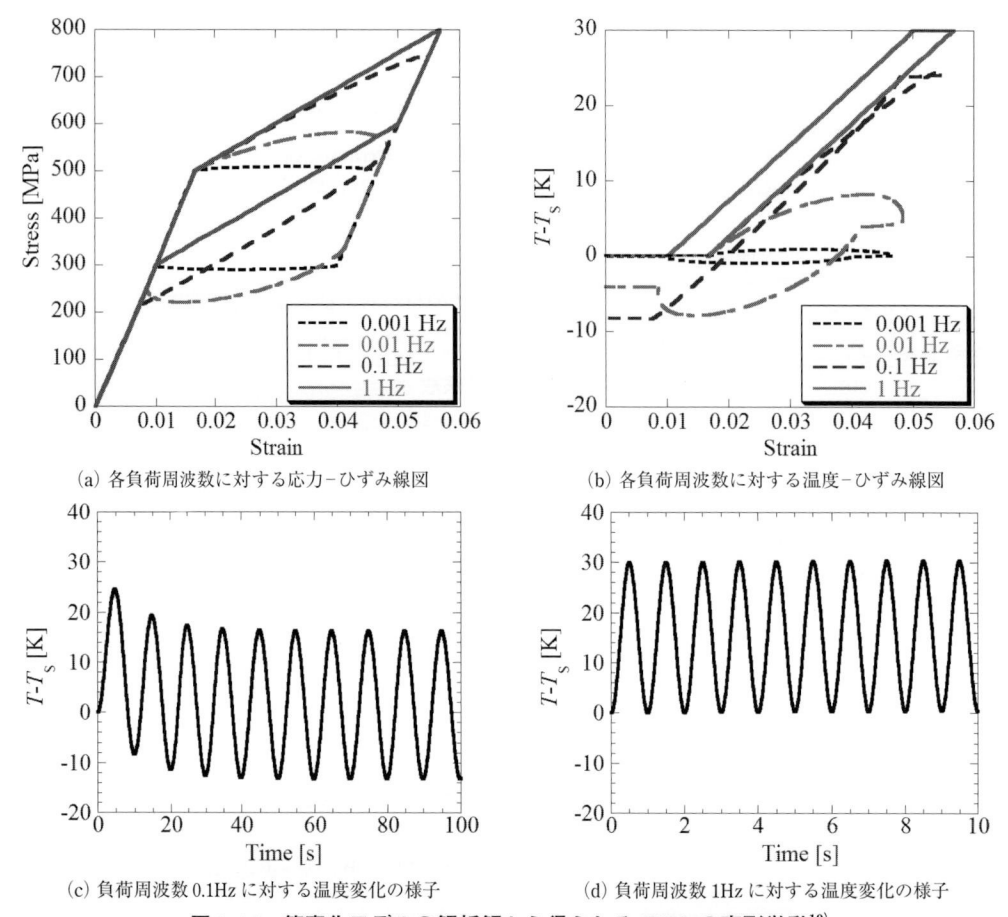

(a) 各負荷周波数に対する応力−ひずみ線図 　　　　(b) 各負荷周波数に対する温度−ひずみ線図

(c) 負荷周波数 0.1Hz に対する温度変化の様子 　　(d) 負荷周波数 1Hz に対する温度変化の様子

図 3-14　簡素化モデルの解析解から得られる SMA の変形挙動[10]

収束し、負荷周波数 1Hz のとき、温度振幅は 15.0K、平均温度は、$t=0$ のとき 15.0K、$t\to\infty$ で 15.7K に収束することがわかる。図 3-14（c）、（d）の温度変化の様子は上述の傾向を表していることを確認できる。

3.7　おわりに

　形状記憶合金（SMA）の設計や加工において考慮すべき相変態や塑性変形を記述できる SMA の構成モデルを紹介した。この章では、とくに、形状記憶効果や超弾性などの SMA の特徴が発生する機構の理解とその説明ができ、比較的よい精度で観測結果を再現できる 1 次元相変態モデルを紹介した。また、材料定数や試験環境条件が SMA の変形挙動に与える影響を解析的に調べる手法も紹介した。SMA は加工の難しさもあり、ワイヤーやコイルばね、棒、板など単純な形態で用いる場合が多く、そうでない場合も、動作としては 1 方向と考えることができる場合が多いので、1 次元モデル（集中モデル）であってもなお現

象の理解や設計に役立つことが多い。

文献

1) 池田忠繁：日本航空宇宙学会誌, **58**(678), 207−213(2010).
2) L. C. Chang and T. A. Read : *Trans. AIME*, **191**(1), 47−52(1951).
3) W. J. Buehler, J. V. Gilfrich, and R. C. Wiley : *J. App. Phys.*, **34**(5), 1475−1477(1963).
4) K. Otsuka C. M. and Wayman : Shape Memory Materials, Cambridge University Press,(1998).
5) K. Yamauchi, I. Ohkata, K. Tsuchiya, and S. Miyazaki(Ed.), Shape Memory and Superelastic Alloys : Applications and Technologies, Woodhead Publishing Limite,(2011).
6) T. Ikeda, F. A. Nae, H. Naito, and Y. Matsuzaki : *Smart Mat. Struct.*, **13**(4), 916−925(2004).
7) T. Ikeda : *Proc. SPIE*, **5757**, 344−352(2005).
8) T. Ikeda : *J. Intel. Mat. Syst. Str.*, **19**(5), 533−540(2008).
9) T. Ikeda : *Proc. SPIE*, 6166, 61660Z(8pp)(2006).
10) T. Ikeda : *Arch. Mech.*, **67**(4), 275−291(2015).
11) X. Ren and K. Otsuka : *Scripta Mat.*, **38**(11), 1669−1675(1998).
12) K. Otsuka, T. Sawamura, and K. Shimizu : *Phys. Status Solidi A*, **5**(2), 457−470(1971).
13) T. V. Philip and P. A. Beck : *Trans. AIME*, **209**, 1269−1971(1957).
14) Y. Kudoh, M. Tokonami, S. Miyazaki, and K. Otsuka : *Acta Metall.*, **33**(11), 2049−2056(1985).
15) F. Falk : *Arch. Mech.*, **35**(1), 63−84(1983).
16) K. Gall and H. Sehitoglu : *Int. J. Plasticity*, **15**(1), 69−92(1999).
17) F. A. Nae, Y. Matsuzaki, and T. Ikeda : *Smart Mat. Struct.*, **12**(1), 6−17(2003).
18) K. Tanaka : *Res Mech.*, **18**(3), 251−263(1986).
19) C. Liang and C. A. Rogers : *J. Intel. Mat. Syst. Str.*, **1**(2), 207−234(1990).
20) L. C. Brinson : *J. Intel. Mat. Syst. Str.*, **4**(2), 229−242(1993).
21) J. G. Boyd and D. C. Lagoudas : *Int. J. Plasticity*, **12**(6), 805−842(1996).
22) T. Kamita and Y. Matsuzaki : *Smart Mat. Struct.*, **7**(4), 489−495(1998).
23) J. Ortín : *J. Appl. Phys.*, **71**(3), 1454−1461(1992).
24) Y. C. Fung and P. Tong : Classical and Computational Solid Mechanics(Advanced Series in Engineering Science), World Scientific Publishing Co. Pte. Ltd., 138−202, 407−427(2001).
25) 村上澄男：連続体損傷力学−損傷・破壊解析の連続体力学的方法, 94−135, 森北出版(2008).
26) T. Ikeda, H. Hattori, and Y. Matsuzaki : *Proc. ICAS 2004*, ICAS 2004-5.2.1(8pp)(2004).
27) 宮崎修一, 坂本英和：日本金属学会会報, **24**(1), 33−40(1985).
28) 川口稔, 大橋義夫, 戸伏壽昭：日本機械学会論文集(A編), **56**(521), 150−155(1990).
29) K. Tanaka, T. Hayashi, Y. Ito, and H. Tobushi : *Mech. Mat.*, **13**, 207−215(1992).
30) K. Tanaka, F. Nishimura, T. Hayashi, H. Tobushi, and C. Lexcellent : *Mech. Mat.*, **19**, 281−292(1995).
31) R. Abeyaratne and S.-J. Kim : *Int. J. Solids and Struct.*, **34**(25), 3273−3289(1997).
32) Z. Bo and D. C. Lagoudas : *Int. J. Eng. Sci.*, **37**, 1175−1203(1999).
33) H. Naito, J. Sato, K. Funami, Y. Matsuzaki, and T. Ikeda : *J. Int. Mat. Syst. Struct.*, **12**(4), 295−300(2001).
34) F. Auricchio, S. Marfia, and E. Sacco : *Comp. Struct.*, **81**, 2301−2317(2003).

第4章

アコモデーションモデルによる変態および変態・塑性相互作用の解析

株式会社ベストマテリア　鈴木　章彦

第4章 アコモデーションモデルによる変態および変態・塑性相互作用の解析

4.1 はじめに

　多結晶形状記憶合金の変態は各結晶粒の変態システム（変態面と変態方向の組み合わせ）において変態条件が満たされるときに生じる。各結晶粒には 24 通りの変態システムがあり、多結晶材は方位の異なる多数の結晶粒の集合体であるから、対象とする多結晶材料中には膨大な数の変態システムが存在する。材料が負荷を受け変態を生じるときに、ある 1 つの変態システムにおいて変態が生じると、その変態による局所的な内部応力が生じ、次の変態の発生はこの内部応力の影響を受ける。このような作用が次々と生じ、内部応力を最小にするようなプロセスが材料内部に生じる。このプロセスはアコモデーションと呼ばれているが、ここでは、このプロセスを、等ひずみモデルを基本とする構成式モデルによって記述することを提案し、そのモデルをアコモデーションモデルと呼んでいる。本章においては、まず、このアコモデーションモデルを用いた変態挙動の解析結果について述べる。次に、スリップシステム（すべり面とすべり方向の組み合わせ）を考慮することにより、アコモデーションモデルが塑性変形にもそのまま適用できることについて述べる。最後に、変態と塑性が同時に生じる場合の解析を行い、マクロな応力−ひずみ挙動における変態・塑性相互作用が、変態領域境界における局所応力集中により生じる塑性変形の発生（変態誘起塑性）と変態システムにおける変形と塑性スリップシステムにおける変形の方位の違いによってもたらされるミクロなレベルでの相互作用によるものであることについて述べる。

4.2 アコモデーションモデルによる変態挙動の記述

4.2.1 形状記憶合金の変態挙動

4.2.1.1 変態の微視的様相

　形状記憶合金では母相は立方晶の場合が多く、変態により 1 つの母相結晶から複数の方位のマルテンサイト晶が生成する。これらマルテンサイト晶は方位は異なるが結晶学的には同一のものであるからこれらをバリアント（兄弟晶）と呼ぶ。

　代表的な形状記憶合金 Ti-Ni の母相（オーステナイト相）の結晶構造は体心立方構造であり、マルテンサイト変態により単斜晶に変化する。形状変化を伴うマルテンサイト変形が起こってもマルテンサイト相と母相の界面は接合している。この界面は各合金に特有の結晶学的に等価な面からなっており、晶癖面（habit plane）と呼ばれている。この晶癖面

で割れが生じないためには、マルテンサイト変態後も変形しない面が晶癖面として選択されなければならない。一般的には、マルテンサイト変態に伴う格子変形（格子変形を伴うマルテンサイトバリアントを格子対応バリアントと呼ぶ）だけでは、このような無ひずみの晶癖面は存在しない。そのような晶癖面を作るために、格子変形とは異なる別の変形を導入する必要がある。このような別の変形としては双晶変形があり、格子対応バリアントにそれと双晶関係にある別の格子対応バリアントが組合わされた結晶が生成される。このような複合的に生成されたバリアントを晶癖面バリアントと呼び、マルテンサイト変態を考えるときの単位のバリアントとしては、この晶癖面バリアントを考えるのが一般的である。

　Ti-Ni 形状記憶合金においてはこのような晶癖面は 1 つの結晶内に 24 通り存在する。変態は変態面（晶癖面）上のせん断変形的な変形によって記述されるが、変態面と変態方向を組み合わせたものを変態システムと呼ぶことにすれば、24 通りの変態システムがあることになる。これを具体的に示すと**表 4-1**[1)]に示すようになる。

　さらに、この晶癖面バリアントが母相中に形成される場合においても、同一の方位をもつバリアントだけでは、それによって生じる結晶中のせん断ひずみを打ち消すことができないので、冷却による変態の場合には、異なった方位のバリアントがお互いのせん断ひずみを打ち消し合うように配列し、ひずみ緩和の自己調整組織を形成する。このような自己調整作用のことをアコモデーションと呼ぶ。アコモデーションは、冷却の場合だけでなく、変態が生じるときに常に随伴する本質的な事象である。

　マルテンサイト変態では結晶中の原子がせん断変形的に連携移動して結晶構造が変化する。ここで"せん断変形的"とは変態の前後での体積変化が非常に小さいことを意味する。周囲からの拘束がない場合、マルテンサイト変態のひずみは、合金に固有な値をとり（変態固有ひずみ）、変態面の垂線を x_3 軸、変態方向を x_1 軸になるように局所座標系を選ぶと

$$\boldsymbol{\varepsilon}^* = \begin{bmatrix} 0 & 0 & \gamma^*/2 \\ 0 & 0 & 0 \\ \gamma^*/2 & 0 & \varepsilon^* \end{bmatrix} \tag{4-1}$$

となる。ここで、ε^* および γ^* は変態面に垂直なひずみおよびせん断ひずみであり、材料固有のひずみである。それらの値のオーダーとして、Ti-Ni に対して

$$\varepsilon^* = -0.0034^{[2)]}, \quad \gamma^* = 0.13^{[3)]} \tag{4-2}$$

が文献に示されている。

4.2.1.2　変態に及ぼす温度と応力の影響

　図 4-1 に変態応力の温度依存性を模式的に示す。無応力状態にある形状記憶合金を冷却

表 4-1　Ti-Ni の変態システム[1]（晶癖面指数 (m1, m2, m3) と変態方向指数 (n1, n2, n3)）

番号	m1	m2	m3	n1	n2	n3
1	-0.8889	-0.4044	0.2152	0.4114	-0.4981	0.7633
2	-0.4044	-0.8889	-0.2152	-0.4981	0.4114	-0.7633
3	0.8889	0.4044	0.2152	-0.4114	0.4981	0.7633
4	0.4044	0.8889	-0.2152	0.4981	-0.4114	-0.7633
5	-0.8889	0.4044	-0.2152	0.4114	0.4981	-0.7633
6	0.4044	-0.8889	0.2152	0.4981	0.4114	0.7633
7	-0.8889	-0.4044	-0.2152	-0.4114	-0.4981	-0.7633
8	-0.4044	0.8889	0.2152	-0.4981	-0.4114	0.7633
9	0.2152	0.8889	0.4044	0.7633	-0.4114	0.4981
10	0.2152	-0.8889	-0.4044	0.7633	0.4114	-0.4981
11	-0.2152	-0.4044	-0.8889	-0.7633	-0.4981	0.4114
12	-0.2152	0.4044	0.8889	-0.7633	0.4981	-0.4114
13	-0.2152	0.8889	-0.4044	-0.7633	-0.4114	-0.4981
14	-0.2152	-0.8889	0.4044	-0.7633	0.4114	0.4981
15	0.2152	0.4044	-0.8889	0.7633	0.4981	0.4114
16	0.2152	-0.4044	0.8889	0.7633	-0.4981	-0.4114
17	0.8889	-0.2152	0.4044	-0.4114	-0.7633	0.4981
18	-0.8889	-0.2152	-0.4044	0.4114	-0.7633	-0.4981
19	0.4044	0.2152	0.8889	0.4981	0.7633	-0.4114
20	-0.4044	0.2152	-0.8889	-0.4981	0.7633	0.4114
21	0.8889	0.2152	-0.4044	-0.4114	0.7633	-0.4981
22	-0.8889	0.2152	0.4044	0.4114	0.7633	0.4981
23	-0.4044	-0.2152	0.8889	-0.4981	-0.7633	-0.4114
24	0.4404	-0.2152	-0.8889	0.4981	-0.7633	0.4114

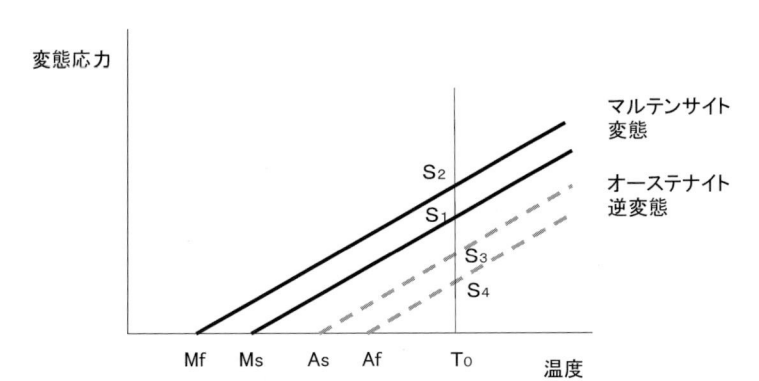

図 4-1　変態温度、変態応力および変態応力の温度依存性（模式図）

していくとある温度でマルテンサイト変態が開始し（マルテンサイト変態開始温度：M_s)、さらに冷却を続けるとある温度にて合金全部がマルテンサイトになり、変態が完了する(マルテンサイト変態終了温度：M_f)。この温度から温度を上昇させていくと、ある温度にてオーステナイト逆変態が始まり（オーステナイト逆変態開始温度：A_s)、さらに温度を上げていくとある温度で合金全部がオーステナイトとなり、逆変態が完了する（オーステナイト逆変態終了温度：A_f)。上記のような温度変化による変態を、後述の応力変化による変態と区別して、ここでは、温度誘起変態と呼ぶことにする。

　形状記憶合金の変態は応力を負荷することによっても生じ（応力誘起変態)、図に示すようにある温度 T_0 を保ったまま応力を負荷してゆくと応力 S_1 にてマルテンサイト変態が開始し、応力 S_2 で変態が完了する。逆に応力を除荷してゆくと応力 S_3 でオーステナイト逆変態が開始し、応力 S_4 で逆変態が完了する。この関係を模式的に図 4-1 に示す。変態応力S_1、S_2、S_3、S_4 は温度の関数であるが、図 4-1 に示すように温度に対し直線の関係にあり、さらにこれらの直線はお互いに平行であると仮定されることが多い。

4.2.1.3　温度誘起変態における変形とそのメカニズム

　温度と応力の変化に伴う形状記憶合金の変態挙動における原子の動きと試料の変形の様子を模式的に**図 4-2**[4])に示す。

　図 4-2 において（a）に示す母相状態にある試料をマルテンサイト変態終了温度 M_f 以下に冷却すると同図の（b）に示すようなマルテンサイト相の結晶構造に変わる。3 次元の実際の結晶では、24 通りの方位のマルテンサイトバリアントが形成される。バリアント（兄弟晶）とは、結晶構造は同じで、結晶方位が異なるマルテンサイト晶のことであり、（b）には A と B で示された 2 種類の方位のバリアントが示されている。個々のバリアントは、元の母相からみると、せん断ひずみを生じているが、冷却により形成されたバリアントは、お互いのひずみを緩和し合うように自己調整して形成されるため、マクロ的には試料形状は変化していない。このように、マルテンサイトバリアントが内部ひずみを打ち消し合うように自己調整的に生じる作用のことをアコモデーションと呼んでいる。

　この自己調整作用は各変態面に働く変態駆動力を考察することによって理解できる。すなわち、ある変態面に変態が生じ変態ひずみが生じると、まわりの結晶の変形拘束のため、生じた変態ひずみを打ち消すような内部応力が発生し、この応力の作用により、前の変態とは異なった方位の変態が生じる。このような作用が次々と生じて、全方位の変態が生じ、試料全体としては変形が生じない。すなわち、このようなアコモデーション挙動を記述するにはまわりの結晶から受ける変形拘束とそれによる内部応力の作用を考慮する必要があることがわかる。

　アコモデーションの機構は温度誘起変態に対してのみならず、変態が生じるときには常に作用する機構である。

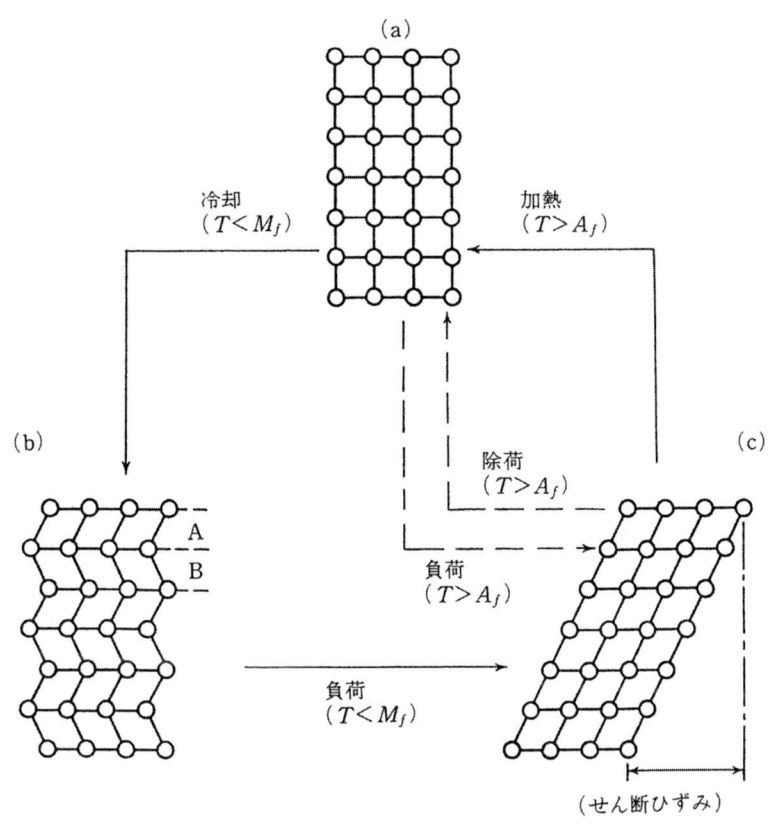

図 4-2　形状記憶効果（実線矢印）と超弾性（破線矢印）を示すときの原子の移動と試料形状変化を示す模式図[4]

4.2.1.4　形状記憶効果、超弾性挙動のメカニズム

　図 4-2 において（b）に示した状態から温度を変化させずに応力を負荷していくと、（c）のように応力に対して優先方位のバリアント A が成長し、試料はマクロ的にせん断変形することになる。このように状態（b）から状態（c）へのようにマルテンサイトの方位が変化することをマルテンサイト再配列と呼んでいる。この状態においては応力を除荷するだけではせん断ひずみは残留ひずみとして残ることになるが、この試料を逆変態終了温度 A_f 以上になるまで加熱すると、すべてのマルテンサイト晶は母相のオーステナイトに逆変態し、試料形状も（a）のように元に戻ることになる。これが形状記憶効果である。

　マルテンサイト変態は、一般に、変態温度以下に冷却することによって生じるものであるが、変態温度以上でも外力を加えることにより変態を誘起することができる。これを（a）から（c）への変化として破線で示した。この場合、逆変態終了温度 A_f 以上の温度領域にあれば、外力を除荷するだけですべてのマルテンサイト晶は、（c）から（a）の破線で示す経路で母相に逆変態し、形状は元に戻る。これが、超弾性である。

4.2.2　アコモデーションモデルの開発
4.2.2.1　材料の微視構造、代表体積要素

　材料の微視的構造を模式的に示したのが**図 4-3** である。対象とする材料の変形挙動を知るためには材料の内部に微視的構造を反映する微視要素を考えその応力とひずみの関係式、すなわち、構成式を与える必要がある。この微視要素の力学的性質が材料の力学的な性質を代表するものであるときそれを代表体積要素と呼ぶ。したがって、代表体積要素の力学的性質は内部に包含する微視構造の力学的効果の統計的な平均値となる。ここでは、代表体積要素が種々の方位をもつ多結晶で構成されるとし、それぞれの結晶粒の変態挙動の力学的効果の統計的な平均値が、材料の変態挙動を記述する構成式となるものとする。統計的な平均値を得るための手法として、等応力モデル、等ひずみモデル、熱力学モデル、その他のモデルが提案されているが、ここでは変態におけるアコモデーション挙動を記述するのに便利な等ひずみモデルを用いることとする。

　以上のように、材料の変態挙動に対する代表体積要素は、多数の結晶粒からなりそれぞれの結晶粒はそれぞれ 24 通りの変態システムをもち、構成式においては、それぞれの変態システムにおいて温度と応力の変動に伴う変態、逆変態およびマルテンサイトの再配列がアコモデーション挙動を伴いながら生じる過程を記述する必要がある。求める構成式モデルは、このような材料の微視構造の変態挙動を反映するものであり、当然、形状記憶合金の形状記憶効果および超弾性挙動を記述できるものと期待される。

4.2.2.2　アコモデーションモデル

　変態におけるアコモデーション挙動を表現するモデルとして**図 4-4**（a）に示す方位の異なる結晶粒の並列結合構造を考える。この構造においてひずみによる外力負荷を受けるとすべての結晶粒において同一のひずみが発生し、それに対応する応力が発生する。それぞれの結晶粒は 24 通りの変態システムをもっていて、変態に対するもっとも優先する方位が

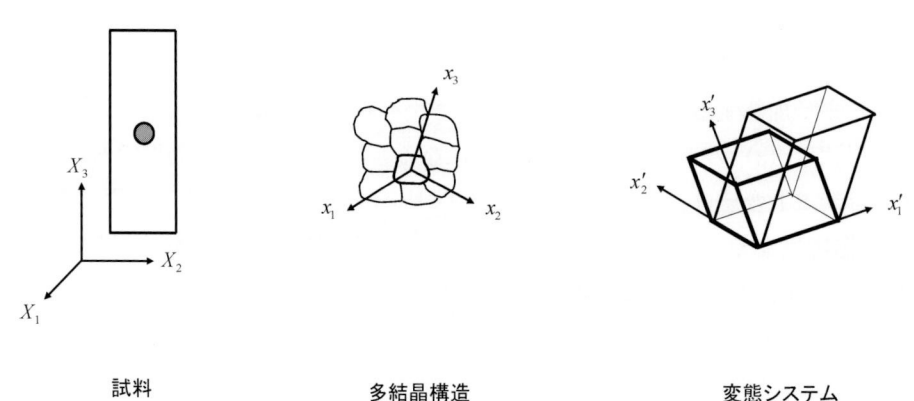

<table>
<tr><td>試料</td><td>多結晶構造</td><td>変態システム</td></tr>
</table>

図 4-3　形状記憶合金の微視構造

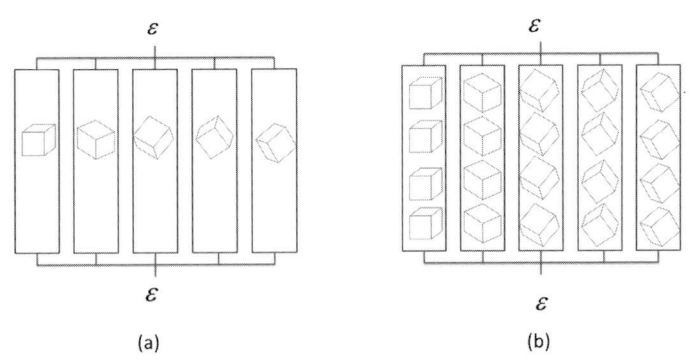

(a)　　　　　　　　　　　　　　　　(b)

図 4-4　等ひずみモデル　(a) 微小結晶粒の並列モデル、(b) 部分要素を導入した微小結晶粒の並列モデル（アコモデーションモデル）

存在し、その方位の変態システムをもった結晶粒で変態が生じる。その結果、その結晶粒は応力が緩和され、さらなるひずみ負荷に対しては別の方位をもつ結晶粒で変態が起きることになる。すなわち、変態は応力に対する優先方位の順に生じ、変態が生じると、変態ひずみにより内部に残留応力が生じ、次の変態は外部応力と内部応力の和に対しての優先方位の変態システムで起きることになる。この作用が変態におけるアコモデーション挙動のメカニズムである。一方、図 4-1 に示すように一定温度で応力を増加していくと、応力 S_1 にて変態が開始し、応力 S_2 にて変態が完了する。すなわち、材料の変態において変態開始応力 S_1 から変態終了応力 S_2 まで加工硬化する。これを表すため 1 つの結晶粒を N 個の部分要素に分け、それぞれの部分要素に変態応力の値として S_1 から S_2 の値を N 等分した値を割り当てる。そして、変態はこの部分要素ごとに生じるとし、相変態は部分要素内で一様に生じるとする。このようにすることにより、応力 S_1 にて変態が開始し応力 S_2 にて変態が完了する挙動、すなわち、変態の加工硬化特性が表されることになるが、滑らかな加工硬化曲線を得るためには N の値をある程度大きくする必要がある。また、変態ひずみは式（4-2）に示すように 10% 以上程度の大きな値であるので、材料中に変態が発生したときの計算の安定性を保つためにも部分要素の体積を大きくとれない。このためにも N の値をある程度大きくとる必要がある。また、部分要素は結晶粒のなかで定義され、微小結晶粒のなかでは応力は一様と考えられるので、結晶粒のなかの部分要素は応力一様の直列結合構造で表すこととする。それを図 4-4（b）で表し、この構造で表される構成式モデルをアコモデーションモデルと呼ぶことにする。

　変態温度に関しても応力ゼロで冷却していく場合の変態開始温度 M_s から変態終了温度 M_f の値を N 等分しそれらをそれぞれの部分要素の割り当てることにより、結晶粒における温度誘起変態の変態開始から変態終了までの挙動を表現することができる。

　以上述べたようにアコモデーションモデルの基本は等ひずみモデルであり、これは実際の材料構造に対し拘束が大きすぎるようにも考えられる。しかし、このように扱うことに

より、材料の下部構造の応力‒ひずみ挙動を材料要素のマクロな応力‒ひずみ挙動に関連づけることができ、梁の曲げ問題における断面保持の仮定が、3次元弾性論でなく1次元の梁理論によって問題の解析を可能にするのと同様、1つの有力な手法であると考えられる。また、実際の材料の微視要素は、まわりの材料から拘束を受けているので、微視要素の内部のひずみは周りの材料からのひずみに等しいと仮定することは、実際のひずみ状態に対するかなりよい近似になっていると考えられ、さらに、結晶粒変位および部分要素変位におけるコンパティビリティを自動的に満足している利点もある。

4.2.2.3 結晶粒方位および体積率と部分要素の体積分率

アコモデーションモデルは微視構造を有する物質点の材料挙動を物質点に含まれる結晶粒の並列構造の挙動でモデル化している。したがって物質点を構成する結晶粒の方位とその体積分率を求めておかなければならない。結晶のa軸、b軸およびc軸をそれぞれ結晶の局部座標 x' 軸、y' 軸および z' 軸とし、局部座標の方位を図4-5に示すように物質点のマクロ座標のオイラー角 φ、θ および ψ で表す。方位 φ、θ および ψ をもつ結晶の存在確率密度を $q(\varphi,\theta,\psi)$ で表すと、すべての方位の結晶の存在確率の合計 P は

$$P = \oint \int_0^{\frac{\pi}{2}} \left\{ \oint q(\varphi,\theta,\psi) d\psi \right\} \sin\varphi\, d\varphi\, d\theta \tag{4-3}$$

で表される。体心立方晶の場合は、対称性を考えて式（4-3）は

$$P = 16 \int_0^{\frac{\pi}{2}} \int_0^{\frac{\pi}{2}} \left\{ \int_0^{\frac{\pi}{2}} q(\varphi,\theta,\psi) d\psi \right\} \sin\varphi\, d\varphi\, d\theta \tag{4-4}$$

となる。P はすべての方位の結晶の存在確率の合計であるから

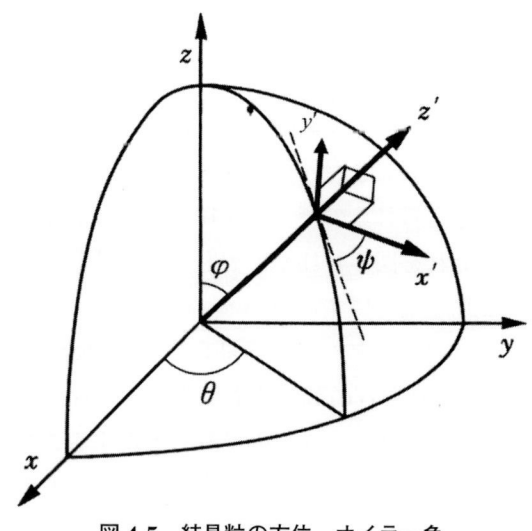

図4-5　結晶粒の方位、オイラー角

$$P = 1 \tag{4-5}$$

が成り立つ。したがって、結晶方位の存在確率密度が一様である場合には

$$q(\varphi, \theta, \psi) = q_0 \, (const) \tag{4-6}$$

と置いて、式（4-4）は

$$P = 16 q_0 \int_0^{\frac{\pi}{2}} \int_0^{\frac{\pi}{2}} \left\{ \int_0^{\frac{\pi}{2}} d\psi \right\} \sin\varphi \, d\varphi \, d\theta = 4\pi^2 q_0 \tag{4-7}$$

となる。したがって、式（4-5）と式（4-7）から q_0 の値として

$$q_0 = \frac{1}{4\pi^2} \tag{4-8}$$

が得られる。いま φ、θ、ψ の $0 \sim \pi/2$ の区間をそれぞれ I、J、K 等分し、i、j、k 番目の区間の中央値を φ_i、θ_j、ψ_k 区間の幅を Δ_φ、Δ_θ、Δ_ψ とすると

$$\varphi_i = \frac{\Delta_\varphi}{2} + \Delta_\varphi \times (i-1) \quad , \quad \Delta_\varphi = \frac{\pi}{2I}$$

$$\theta_j = \frac{\Delta_\theta}{2} + \Delta_\theta \times (j-1) \quad , \quad \Delta_\theta = \frac{\pi}{2J} \tag{4-9}$$

$$\psi_k = \frac{\Delta_\psi}{2} + \Delta_\psi \times (k-1) \quad , \quad \Delta_\psi = \frac{\pi}{2K}$$

となる。ここで i、j、k 番目の区間に方位をもつ結晶粒の存在確率は式（4-7）を参照して

$$P = \frac{4}{\pi^2} \int_{\theta_j - \Delta_\theta/2}^{\theta_j + \Delta_\theta/2} \int_{\varphi_i - \Delta_\varphi/2}^{\varphi_i + \Delta_\varphi/2} \left\{ \int_{\psi_k - \Delta_\psi/2}^{\psi_k + \Delta_\psi/2} d\psi \right\} \sin\varphi \, d\varphi \, d\theta$$

$$= \frac{4}{\pi^2} \left\{ \cos(\varphi_i - \Delta_\varphi/2) - \cos(\varphi_i + \Delta_\varphi/2) \right\} \Delta_\theta \Delta_\psi \tag{4-10}$$

となる。この区間に方位をもつ結晶を方位 φ_i、θ_j、ψ_k の結晶で代表させ、式（4-10）の存在確率をもつものとすれば、この結晶の体積分率を式（4-10）の値に等しいと置くことができる。

　次の量

$$m = J \times K \times (i-1) + K \times (j-1) + k \tag{4-11}$$

を定義し、この結晶粒を m 番目の結晶粒であるとすれば、m 番目の結晶粒の体積分率 F_m は式（4-10）より

$$F_m = \frac{4}{\pi^2} \left\{ \cos(\varphi_i - \Delta_\varphi/2) - \cos(\varphi_i + \Delta_\varphi/2) \right\} \Delta_\theta \Delta_\psi \tag{4-12}$$

と書くことができる。結晶粒の総数 M は

$$M = I \times J \times K \qquad\qquad (4\text{-}13)$$

である。

　図4-4（b）に示すようにアコモデーションモデルでは1つの結晶粒を N 個の部分要素の和として表す。結晶粒の体積に対する N 個の部分要素の体積分率はそれぞれ異なっても構わないが簡単のため等しいと置くと m 番目の結晶粒における n 番目の部分要素の結晶粒に対する体積分率 f_{mn} は

$$f_{mn} = 1 / N \qquad\qquad (4\text{-}14)$$

となる。

4.2.2.4　変態条件

　アコモデーションモデルにおける変態、逆変態およびマルテンサイト再配列等の相変態の評価は部分要素ごとに行い、相変態が生じたと判定されるとその変化は当該部分要素全体に一様に生じるものとする。したがって、部分要素の状態は変態が生じているかいないかのどちらかである。

（1）変態駆動力

　相変態の駆動力は変態面上に作用する駆動応力 τ_{DR} であるとし、変態面に作用するせん断応力の変態方向成分（分解せん断応力）τ と変態面に作用する垂直応力 σ の組み合わせで次のように表されるものと仮定する。

$$\tau_{DR} = \tau + \alpha\sigma \qquad\qquad (4\text{-}15)$$

τ_{DR}：変態駆動応力

τ：分解せん断応力

σ：変態面上に働く垂直応力

α：材料定数

　変態の固有ひずみは式（4-1）のように表されるが、垂直固有ひずみ ε^* はせん断固有ひずみ γ^* に比べて小さく、無視されることが多い。それに対応して、変態駆動応力に対して垂直応力の効果を無視して、変態駆動応力が分解せん断応力に等しいと仮定することが多い。すなわち、式（4-15）において、$\alpha = 0$ と置き、

$$\tau_{DR} = \tau \qquad\qquad (4\text{-}16)$$

とすることが多い。本書においても変態駆動応力を式（4-16）のように仮定し、変態は変態面に作用する分解せん断応力に支配されると仮定する。ただし、引張りと圧縮における

材料の変態挙動の違いを表現する必要があるときは変態駆動応力に対する垂直応力の影響を無視することはできない。

　上記のように、変態を支配する応力は変態面に働く分解せん断応力である。したがって、試料の変態応力の温度依存性を模式的に示した図 4-1 における変態応力 S_1、S_2、S_3、S_4 は、それぞれ、変態面上の分解せん断応力で表した変態応力 τ_1、τ_2、τ_3、τ_4 に置き換えて議論することにする。

(2) 変態条件

　結晶粒のある変態面の変態方向のせん断応力（分解せん断応力）がある限界値 τ_s（変態応力）に達すると変態が起こるものとする。変態における加工硬化を表現するために、結晶粒を N 個の等しい体積の部分要素に分け、それぞれの部分要素において変態応力が異なるものとする。

　このとき、n 番目の部分要素の変態応力は

$$\tau_s = \tau_s(n) \tag{4-17}$$

と書ける。式（4-17）において τ_s は n に対して線形に変化するものとすれば、n 番目の部分要素の変態応力は

$$\tau_s = \tau_1 + \frac{\tau_2 - \tau_1}{N-1}(n-1) \tag{4-18}$$

と書ける。ここで、τ_1 および τ_2 は、それぞれ、変態開始応力および変態終了応力である。各結晶粒の分割数を等しいと置けば、式（4-18）で与えられる変態応力の値は各結晶粒の部分要素に対して共通である。

　したがって、変態が生じる条件は、

$$\tau = \tau_s \tag{4-19}$$

で与えられ、ある部分要素における 24 通りの変態システムのいずれかにおいて式（4-19）が満足されるとき、その変態システムにおいて変態が生じることとなる。

(3) 逆変態条件

　部分要素 n の逆変態応力 τ_r は逆変態開始応力 τ_3 および逆変態終了応力 τ_4 を用いて式（4-18）と同様にして次式で定義できる。

$$\tau_r = \tau_4 + \frac{\tau_3 - \tau_4}{N-1}(n-1) \tag{4-20}$$

　逆変態が生じる条件は、部分要素 n の変態が生じている変態システムにおいて

$$\tau = \tau_r \qquad\qquad (4\text{-}21)$$

が成立するときである。

(4) 再配列条件

　マルテンサイト再配列は変態が生じている部分要素において、その部分要素の最大の分解せん断応力が、変態条件を満足し、かつ、すでに変態を生じている変態システムの分解せん断応力より再配列バリヤ-応力 τ_{or} 以上大きいときに生じるとする。このとき、旧変態システムの変態ひずみはリセットされ新しい変態システムにおいて変態ひずみが生じるものとする。すでに変態を生じている変態システムを M とすると、この条件は、

$$\tau \geq \tau_s \qquad\qquad (4\text{-}22)$$

$$\tau \geq \tau(M) + \tau_{or} \qquad\qquad (4\text{-}23)$$

と書ける。また、各部分要素の再配列バリヤ-応力 τ_{or} は τ_s が大きいほど大きく、n 番目の部分要素の再配列バリヤ-応力 τ_{or} は

$$\tau_{or} = \tau_{or0} + a_{or} \frac{\tau_2 - \tau_1}{N-1}(n-1) \qquad\qquad (4\text{-}24)$$

と書けるものとする。ここで、τ_{or0} および a_{or} は材料定数である。また、τ_{or0} はバリヤ-応力の一定値の部分であり、a_{or} は変態応力値に比例する部分の係数を表す。

(5) 変態応力の温度依存性

　変態システムにおける変態応力の温度依存性は、変態応力が温度に直線的に変化するとして模式的に示すと図4-6のようになる。試料の変態応力の温度依存性を示す図4-1に比

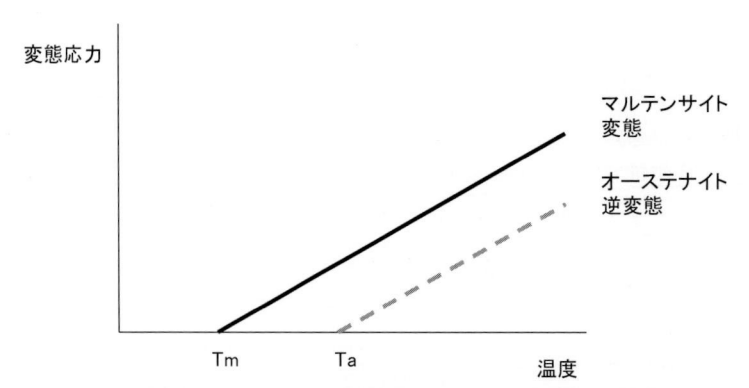

図 4-6　変態システムにおける変態応力の温度依存性 (模式図)

較すると、変態開始および終了を表す線がなく非常にシンプルな図になっている。これは変態システムにおいては、変態は生じるか生じないかの 2 種類の状態しかないためであり、したがって部分要素においても変態が生じているかいないかの 2 種類の状態しかないからである。このとき、試料全体の変態におけるマルテンサイト体積分率の評価は、変態した部分要素の体積の総和によってなされる。変態システムにおいては、応力ゼロにおける変態および逆変態温度も、図 4-6 に示されるように定義され、n 番目の部分要素に対して、それぞれ、

・マルテンサイト変態温度

$$T_m = M_s + \frac{M_f - M_s}{N-1}(n-1)$$
(4-25)

・オーステナイト逆変態温度

$$T_a = A_s + \frac{A_f - A_s}{N-1}(n-1)$$
(4-26)

と表される。

4.2.2.5　アコモデーションモデルの定式化

　ここで用いる応力、ひずみ等の物理量はマクロ座標系（試料座標系）で定義されたものとする。変態の発現条件や、変態ひずみの計算は結晶粒座標で行うのが便利であるが、ここでは、そのようにして得られた量をマクロ座標系の量に座標変換したものを用いて定式化を行うものとする。座標変換に必要な数式等は **4.2.2.6** を参照されたい。

　また、以下の式の展開においてテンソルの総和規約が用いられている。ただし、m、n については総和規約は適用しない。

　アコモデーションモデルを模式的に示したものが図 4-4（b）である。図においては見通しをよくするために 1 次元の応力-ひずみ状態にある場合について示してあるが、以下の定式化は 3 次元の応力-ひずみの状態において行う。

　材料は結晶方位の異なる M 個の結晶粒の並列結合からなり、それぞれの結晶粒は N 個の部分要素の直列結合からなるとする。N の値は各結晶粒で異なってもよいが、ここでは、簡単のため、それぞれの結晶粒で共通とする。

（1）結晶粒 m のひずみ $\varepsilon_{pq,m}$

　　外部ひずみ ε_{pq} と等しい。

$$\varepsilon_{pq,m} = \varepsilon_{pq}$$
(4-27)

（2）結晶粒 m の変態ひずみ $\varepsilon_{pq,m}^{tr}$

　　結晶粒 m は部分要素 n（1, 2, …, N）の直列結合で表されるから、結晶粒 m の変態ひず

み $\varepsilon_{pq,m}^{tr}$ は、結晶粒 m の部分要素 n の変態ひずみ $\varepsilon_{pq,mn}^{tr}$ を、結晶粒 m に対する部分要素 n の体積分率 f_{mn} をとして、次のように与えられる。

$$\varepsilon_{pq,m}^{tr} = \sum_{n=1}^{N} f_{mn}\varepsilon_{pq,mn}^{tr} \tag{4-28}$$

体積分率の定義から次の式が成り立つ。

$$\sum_{n=1}^{N} f_{mn} = 1 \tag{4-29}$$

（3）結晶粒 m の部分要素 n の変態ひずみ $\varepsilon_{pq,mn}^{tr}$

変態している場合

$$\varepsilon_{pq,mn}^{tr} = \varepsilon_{pq}^{*} \tag{4-30}$$

$$\varepsilon_{pq}^{*} : 変態固有ひずみ$$

変態していない場合

$$\varepsilon_{pq,mn}^{tr} = 0 \tag{4-31}$$

（4）結晶粒 m の弾性ひずみ $\varepsilon_{pq,m}^{e}$

$$\varepsilon_{pq,m}^{e} = \varepsilon_{pq} - \varepsilon_{pq,m}^{tr} \tag{4-32}$$

（5）結晶粒 m の応力 $\sigma_{rs,m}$

結晶粒 m の平均弾性テンソルを $\bar{C}_{pqrs,m}$ として

$$\sigma_{rs,m} = \bar{C}_{pqrs,m}\varepsilon_{pq,m}^{e} = \bar{C}_{pqrs,m}\left(\varepsilon_{pq} - \varepsilon_{pq,m}^{tr}\right) \tag{4-33}$$

（6）結晶粒 m の部分要素 n の応力 $\sigma_{rs,mn}$

結晶粒 m の応力 $\sigma_{rs,m}$ に等しい。

$$\sigma_{rs,mn} = \sigma_{rs,m} \tag{4-34}$$

（7）結晶粒 m の平均弾性係数テンソル $\bar{C}_{pqrs,m}$

結晶粒 m の部分要素 n の弾性係数テンソル $C_{pqrs,m}$ を用いて次式のように与えられる。すなわち、

$$\varepsilon_{pq,mn}^{e} = C^{-1}{}_{pqrs,mn}\sigma_{rs,mn} = C^{-1}{}_{pqrs,mn}\sigma_{rs,m} \tag{4-35}$$

であるから、

$$\bar{C}_{pqrs,m}^{-1}\sigma_{rs,m} = \varepsilon_{pq,m}^{e} = \sum_{n=1}^{N} f_{mn}\varepsilon_{pq,mn}^{e} = \left(\sum_{n=1}^{N} f_{mn}C_{pqrs,mn}^{-1}\right)\sigma_{rs,m} \tag{4-36}$$

となり、すなわち、次の式が成立する。

$$\bar{C}_{pqrs,m}^{-1} = \sum_{n=1}^{N} f_{mn} C_{pqrs,mn}^{-1} \tag{4-37}$$

弾性係数テンソルおよびコンプライアンステンソルをマトリックス表示すると、

$$[C] = \frac{E}{1+v}
\begin{bmatrix}
\dfrac{1-v}{1-2v} & \dfrac{v}{1-2v} & \dfrac{v}{1-2v} & 0 & 0 & 0 \\
\dfrac{v}{1-2v} & \dfrac{1-v}{1-2v} & \dfrac{v}{1-2v} & 0 & 0 & 0 \\
\dfrac{v}{1-2v} & \dfrac{v}{1-2v} & \dfrac{1-v}{1-2v} & 0 & 0 & 0 \\
0 & 0 & 0 & 1 & 0 & 0 \\
0 & 0 & 0 & 0 & 1 & 0 \\
0 & 0 & 0 & 0 & 0 & 1
\end{bmatrix} \tag{4-38}$$

$$[C^{-1}] = \frac{1}{E}
\begin{bmatrix}
1 & -v & -v & 0 & 0 & 0 \\
-v & 1 & -v & 0 & 0 & 0 \\
-v & -v & 1 & 0 & 0 & 0 \\
0 & 0 & 0 & 1+v & 0 & 0 \\
0 & 0 & 0 & 0 & 1+v & 0 \\
0 & 0 & 0 & 0 & 0 & 1+v
\end{bmatrix} \tag{4-39}$$

となる。ただし上記表示は等方弾性体に対するものであり、異方性弾性体に対しては異なる表示となることに注意する。ここで、部分要素 n はマルテンサイトであるかオーステナイトであるかのいずれかであり、オーステナイトの弾性係数テンソル C_{pqrs}^{A} およびマルテンサイトの弾性係数テンソル C_{pqrs}^{M} および結晶粒 m におけるマルテンサイトの体積分率 ρ_m を用いて式（4-37）は

$$\bar{C}_{pqrs,m}^{-1} = \rho_m \left(C_{pqrs,m}^{M} \right)^{-1} + \left(1 - \rho_m \right) \left(C_{pqrs,m}^{A} \right)^{-1} \tag{4-40}$$

あるいは、

$$\bar{C}_{pqrs,m} = \left(\rho_m \left(C_{pqrs,m}^{M} \right)^{-1} + \left(1 - \rho_m \right) \left(C_{pqrs,m}^{A} \right)^{-1} \right)^{-1} \tag{4-41}$$

と与えられる。ここで、結晶粒 m のマルテンサイト体積分率 ρ_m は次のように定義される。

$$\rho_m = \sum_{\text{Martensite}} f_{mn} \tag{4-42}$$

（8）物質点の応力 σ_{rs}

　物質点を構成する材料は結晶粒 m（m = 1, 2, ⋯, M）の並列結合によって表されるから、結晶粒 m の材料全体に対する体積分率を F_m として、

$$\sigma_{rs} = \sum_{m=1}^{M} F_m \sigma_{rs,m} \tag{4-43}$$

式（4-33）を代入して

$$\sigma_{rs} = \sum_{m=1}^{M} F_m \bar{C}_{pqrs,m} \left(\varepsilon_{pq} - \varepsilon_{pq,m}^{tr} \right)$$
$$= \left(\sum_{m=1}^{M} F_m \bar{C}_{pqrs,m} \right) \varepsilon_{pq} - \left(\sum_{m=1}^{M} F_m \bar{C}_{pqrs,m} \varepsilon_{pq,m}^{tr} \right) \tag{4-44}$$

ここで、係数テンソル $\hat{C}_{pqrs}$ を次のように定義する。

$$\hat{C}_{pqrs} = \sum_{m=1}^{M} F_m \bar{C}_{pqrs,m} \tag{4-45}$$

これを用いると、式（4-44）は

$$\sigma_{rs} = \hat{C}_{pqrs} \varepsilon_{pq} - \sum_{m=1}^{M} F_m \bar{C}_{pqrs,m} \varepsilon_{pq,m}^{tr} \tag{4-46}$$

と書ける。式（4-44）あるいは式（4-46）が外部ひずみが与えられたときのマクロ応力を求める式である。

(9) 物質点のマクロひずみ ε_{pq} を表す式

式（4-44）を変形して

$$\varepsilon_{pq} = \left(\sum_{m=1}^{M} F_m \bar{C}_{pqrs,m} \right)^{-1} \sigma_{rs} + \left(\sum_{m=1}^{M} F_m \bar{C}_{pqrs,m} \right)^{-1} \sum_{m=1}^{M} F_m \bar{C}_{pqrs,m} \varepsilon_{pq,m}^{tr} \tag{4-47}$$

式（4-45）を用いると

$$\varepsilon_{pq} = \hat{C}_{pqrs}^{-1} \sigma_{rs} + \hat{C}_{pqrs}^{-1} \sum_{m=1}^{M} F_m \bar{C}_{pqrs,m} \varepsilon_{pq,m}^{tr} \tag{4-48}$$

式（4-47）あるいは式（4-48）を外部負荷として応力が与えられたときにひずみを求める式として用いることができる。

　ここで、式（4-48）の右辺第 1 項は応力に比例する項であり、第 2 項は非弾性ひずみに関する項である。したがって、第 1 項を物質点の弾性ひずみであり、第 2 項を物質点の非弾性ひずみであると考えることができ、次のような表示が可能である。

$$\varepsilon_{pq} = \varepsilon_{pq}^{e} + \varepsilon_{pq}^{tr} \tag{4-49}$$

$$\varepsilon_{pq}^{e} = \hat{C}_{pqrs}^{-1} \sigma_{rs} \tag{4-50}$$

$$\varepsilon_{pq}^{tr} = C_{pqrs}^{-1} \sum_{m=1}^{M} F_m \bar{C}_{pqrs,m} \varepsilon_{pq,m}^{tr} \tag{4-51}$$

また、式（4-50）から

$$\sigma_{rs} = \hat{C}_{pqrs}\varepsilon^e_{pq} \tag{4-52}$$

が得られる。式（4-52）の表現により係数テンソル $\hat{C}_{pqrs}$ は物質点の平均弾性係数テンソルであることがわかる。

4.2.2.6　座標変換

前項においてはマクロ座標（試料座標）における応力およびひずみのテンソル量を用いてアコモデーションモデルの定式化を行ったが、変態条件および変態ひずみなどの量は変態システム座標で定義されているので、これらを結晶粒座標の量に変換し、さらにそれをマクロ座標の量に変換する、あるいは、その逆の変換を施す必要がある。そのために必要な諸式を以下に記す。本項においてはベクトルおよびテンソルの実体表記のためボールドタイプの記号を用いることとする。

（1）テンソルの座標変換[5]

アコモデーションモデルのなかでは、応力テンソルおよびひずみテンソルをマクロ座標、結晶粒座標、変態システム座標の３つで考える必要があるので、最初にこの３つの座標におけるベクトルおよびテンソルの変換則を与えておく。

ベクトル b を２つの座標系で表現すると、それぞれの座標系の基底ベクトルを e_i、e'_i として、

$$b = b_j e_j = b'_k e'_k \tag{4-53}$$

と書ける。右の等号の両辺に左から e'_i を掛けて内積をとると

$$b'_i = b_j e'_i \cdot e_j \tag{4-54}$$

式（4-53）の右の等号の両辺に右から e_i を掛けて内積をとると

$$b_i = b'_k e'_k \cdot e_i \tag{4-55}$$

P_{ij} を次のように定義すれば

$$P_{ij} \equiv e_i \cdot e'_j \tag{4-56}$$

式（4-54）および式（4-55）はそれぞれ

$$b'_i = P_{ij}b_j \tag{4-57}$$

$$b_i = P_{ki}b'_k \tag{4-58}$$

と書くことができる。式（4-58）を式（4-57）に代入すると

$$b_i' = P_{ij}P_{kj}b_k'$$

が得られる。すなわち、

$$P_{ij}P_{kj} = \delta_{ik} \tag{4-59}$$

の関係が成り立つことがわかる。同様に、式（4-57）を式（4-58）に代入することにより、

$$P_{ki}P_{kj} = \delta_{ij} \tag{4-60}$$

が成り立つ。

　テンソル X の成分はそれぞれの座標で次のように書ける。

$$\boldsymbol{X} = X_{ij}\boldsymbol{e}_i \otimes \boldsymbol{e}_j = X_{ij}'\boldsymbol{e}_i' \otimes \boldsymbol{e}_j' \tag{4-61}$$

テンソル $\boldsymbol{X}$ は、任意のベクトル $\boldsymbol{b}$ に作用して新たなベクトル

$$\boldsymbol{c} = \boldsymbol{X} \cdot \boldsymbol{b} \tag{4-62}$$

を生じる線形変換として定義される。式（4-62）を2組の基底ベクトル $\boldsymbol{e}_i$、$\boldsymbol{e}_i'$ を用いて成分表示すると

$$c_i = X_{ij}b_j \tag{4-63}$$

$$c_i' = X_{ij}'b_j' \tag{4-64}$$

となる。式（4-63）に式（4-58）の関係を用いると

$$P_{ki}c_k' = X_{ij}P_{kj}b_k' \tag{4-65}$$

両辺に P_{mi} を乗じると、式（4-60）を用いて、

$$c_m' = P_{mi}X_{ij}P_{kj}b_k' \tag{4-66}$$

これと式（4-64）を比較することにより、

$$X_{ml}' = P_{mi}X_{ij}P_{lj} \tag{4-67}$$

を得る。この式の両辺に左から P_{mk}、右から P_{ln} を乗じると

$$P_{mk}X'_{ml}P_{ln} = P_{mk}P_{mi}X_{ij}P_{lj}P_{ln}$$
$$= \delta_{ki}X_{ij}\delta_{jn} \qquad\qquad (4\text{-}68)$$
$$= X_{kn}$$

が得られる。式（4-67）および式（4-68）がテンソル成分の座標変換公式を与える。

(2) 結晶粒系のひずみおよび応力と変態システム系のひずみおよび応力の変換

　変態固有ひずみは変態面を第 1、第 2 座標にとり、第 1 座標方向にせん断変態する場合、マトリックス表示で次のように表される。ここで、変態面に垂直方向に生じる軸ひずみについても考慮している。

$$\boldsymbol{\varepsilon}^* = \begin{bmatrix} 0 & 0 & \gamma^*/2 \\ 0 & 0 & 0 \\ \gamma^*/2 & 0 & \varepsilon^* \end{bmatrix} \qquad\qquad (4\text{-}69)$$

結晶粒系の基底ベクトルを

$$\boldsymbol{e}_1, \boldsymbol{e}_2, \boldsymbol{e}_3$$

変態システム系の基底ベクトルを

$$\boldsymbol{e}'_1 = \boldsymbol{b}, \; \boldsymbol{e}'_2 = \boldsymbol{c}, \; \boldsymbol{e}'_3 = \boldsymbol{a} \qquad\qquad (4\text{-}70)$$

とする。式（4-69）のひずみをテンソル成分で書けば

$$\varepsilon'_{13} = \gamma^*/2, \; \varepsilon'_{31} = \gamma^*/2, \; \varepsilon'_{33} = \varepsilon^* \qquad\qquad (4\text{-}71)$$

となり、他の成分はゼロである。P_{ij} の必要な成分を陽に書き下せば、

$$P_{1j} = \boldsymbol{b}\cdot\boldsymbol{e}_j = b_i\boldsymbol{e}_i\cdot\boldsymbol{e}_j = b_i\delta_{ij} = b_j \qquad\qquad (4\text{-}72)$$

となる。同様に

$$P_{2j} = c_j \qquad\qquad (4\text{-}73)$$

$$P_{3j} = a_j \qquad\qquad (4\text{-}74)$$

が得られる。ここで、a_j 等は、変態システム系基底ベクトルの、結晶系座標における成分である。これらを用いることで、結晶系座標で表した変態ひずみ成分は式（4-68）を参照して、

$$\varepsilon_{kl} = P_{ik}\varepsilon'_{ij}P_{jl} = \left(P_{1k}\varepsilon'_{1j} + P_{2k}\varepsilon'_{2j} + P_{3k}\varepsilon'_{3j}\right)P_{jl}$$

$$= \left(b_k\varepsilon'_{1j} + c_k\varepsilon'_{2j} + a_k\varepsilon'_{3j}\right)P_{jl}$$

$$= \left(b_k\varepsilon'_{1j} + a_k\varepsilon'_{3j}\right)P_{jl}$$

$$= b_k\left(\varepsilon'_{11}P_{1l} + \varepsilon'_{12}P_{2l} + \varepsilon'_{13}P_{3l}\right) + a_k\left(\varepsilon'_{31}P_{1l} + \varepsilon'_{32}P_{2l} + \varepsilon'_{33}P_{3l}\right) \qquad (4\text{-}75)$$

$$= b_k\varepsilon'_{13}a_l + a_k\left(\varepsilon'_{31}b_l + \varepsilon'_{33}a_l\right)$$

$$= \frac{\gamma^*}{2}\left(b_k a_l + a_k b_l\right) + \varepsilon^* a_k a_l$$

すなわち、書き直して、

$$\varepsilon_{ij} = \frac{\gamma^*}{2}\left(a_i b_j + a_j b_i\right) + \varepsilon^* a_i a_j \qquad (4\text{-}76)$$

ここで、因子 $\left(a_i b_j + a_j b_i\right)$ は、変態面上のせん断ひずみを結晶系のひずみに変換する因子であり、シュミットテンソルと呼ばれている。

結晶系の応力を変態系の応力に変換するには、ひずみの変換と同様な変換則を用いれば

$$\sigma'_{13} = P_{1i}\sigma_{ij}P_{3j} = b_i\sigma_{ij}a_j$$

$$\sigma'_{31} = P_{3i}\sigma_{ij}P_{1j} = a_i\sigma_{ij}b_j$$

が得られる。応力の対称性を考えて、変態面上の分解せん断応力は

$$\tau' = \frac{1}{2}\left(a_i b_j + b_i a_j\right)\sigma_{ij} \qquad (4\text{-}77)$$

と与えられる。また、変態面上に働く垂直応力は

$$\sigma'_{33} = P_{3i}\sigma_{ij}P_{3j} = a_i a_j \sigma_{ij} \qquad (4\text{-}78)$$

と与えられる。

式 (4-76)、(4-77)、(4-78) 中に現れる a_i, b_i 等は変態面および変態方向によって決まる。Ti-Ni 形状記憶合金に対して表 4-1 に示すように与えられている[1]。表 4-1 には変態面（晶癖面）の法線単位ベクトルと変態方向の単位ベクトルの結晶粒座標の成分が示されている。

(3) マクロ座標系のひずみおよび応力と結晶粒座標系のひずみおよび応力の変換

マクロ座標系 (x, y, z) に対し、微視的座標系 (x', y', z') すなわち結晶粒座標系の方位を図 4-5 に示すオイラー角 (φ, θ, ψ) で表す。座標変換則を次のような手順で導く[6]。

(x, y, z) 座標系を z 軸周りに θ だけ回転した座標系を (x''', y''', z''') 座標系とすると、2つの座標系におけるベクトル成分の間には次の関係が成り立つ。

$$x''' = x\cos\theta + y\sin\theta, \quad y''' = -x\sin\theta + y\cos\theta, \quad z''' = z \qquad (4\text{-}79)$$

(x''', y''', z''') 座標系を y'' 軸周りに φ だけ回転した座標系を (x'', y'', z'') 座標系とすると、2 つの座標系におけるベクトル成分の間には次の関係が成り立つ。

$$x'' = x''' \cos\theta - z''' \sin\varphi, \quad y'' = y''', \quad z'' = x''' \sin\varphi + z''' \cos\varphi \tag{4-80}$$

(x'', y'', z'') 座標系を z'' 軸周りに ψ だけ回転した座標系を (x', y', z') 座標系とすると、2 つの座標系におけるベクトル成分の間には次の関係が成り立つ。

$$x' = x'' \cos\psi + y'' \sin\psi, \quad y' = -x'' \sin\psi + y'' \cos\psi, \quad z' = z'' \tag{4-81}$$

3 つの回転を合成すると

$$\begin{Bmatrix} x' \\ y' \\ z' \end{Bmatrix} = \begin{bmatrix} \cos\psi & \sin\psi & 0 \\ -\sin\psi & \cos\psi & 0 \\ 0 & 0 & 1 \end{bmatrix} \begin{bmatrix} \cos\varphi & 0 & -\sin\varphi \\ 0 & 1 & 0 \\ \sin\varphi & 0 & \cos\varphi \end{bmatrix} \begin{bmatrix} \cos\theta & \sin\theta & 0 \\ -\sin\theta & \cos\theta & 0 \\ 0 & 0 & 1 \end{bmatrix} \begin{Bmatrix} x \\ y \\ z \end{Bmatrix} \tag{4-82}$$

変形すると

$$\begin{Bmatrix} x' \\ y' \\ z' \end{Bmatrix} = \begin{bmatrix} \cos\varphi\cos\theta\cos\psi - \sin\theta\sin\psi & \cos\varphi\sin\theta\cos\psi + \cos\theta\sin\psi & -\sin\varphi\cos\psi \\ -\cos\varphi\cos\theta\sin\psi - \sin\theta\cos\psi & -\cos\varphi\sin\theta\sin\psi + \cos\theta\cos\psi & \sin\varphi\sin\psi \\ \sin\varphi\cos\theta & \sin\varphi\sin\theta & \cos\varphi \end{bmatrix} \begin{Bmatrix} x \\ y \\ z \end{Bmatrix}$$

$$\tag{4-83}$$

が得られる。このマトリックスの成分を R_{ij} と書き、改めて**表 4-2** に示す。また、式(4-83)を

$$x'_i = R_{ij} x_j \tag{4-84}$$

と書けば、式（4-57）との比較により、R_{ij} はマクロ座標と結晶粒座標の間に定義された P_{ij} にほかならないことがわかる。したがって、式（4-67）より、

$$\sigma'_{ij} = R_{ik}\sigma_{kl}R_{jl} \tag{4-85}$$

$$\varepsilon'_{ij} = R_{ik}\varepsilon_{kl}R_{jl} \tag{4-86}$$

式（4-68）より、

表 4-2　座標変換マトリックス R_{ij}

	x	y	z
x'	$\cos\varphi\cos\theta\cos\psi - \sin\theta\sin\psi$	$\cos\varphi\sin\theta\cos\psi + \cos\theta\sin\psi$	$-\sin\varphi\cos\psi$
y'	$-\cos\varphi\cos\theta\sin\psi - \sin\theta\cos\psi$	$-\cos\varphi\sin\theta\sin\psi + \cos\theta\cos\psi$	$\sin\varphi\sin\psi$
z'	$\sin\varphi\cos\theta$	$\sin\varphi\sin\theta$	$\cos\varphi$

$$\sigma_{ij} = R_{ki}\sigma'_{kl}R_{lj} \qquad (4\text{-}87)$$

$$\varepsilon_{ij} = R_{ki}\varepsilon'_{kl}R_{lj} \qquad (4\text{-}88)$$

が得られる。

4.2.2.7 計算手順

　4.2.2.5 においてはアコモデーションモデルの定式化を行った。そこで示された式を用いて必要な計算を行うことにより、材料の応力－ひずみ関係が求められるが、若干見通しがよくないので、いくつかの負荷条件の下での計算手順を具体的に示しておく。

(1) 負荷条件としてひずみ経路（および温度経路）が与えられる場合
　このとき用いられる基礎式は式（4-44）である。この式において m 番目の結晶粒の変態ひずみ $\varepsilon^{tr}_{ij,m}$ は、m 番目の結晶粒の部分要素における変態ひずみの和として与えられるものとしている。すなわち、m 番目の結晶粒の部分要素 n における変態ひずみを $\varepsilon^{tr}_{ij,mn}$ として

$$\varepsilon^{tr}_{ij,m} = \sum_{n=1}^{N} f_{mn}\varepsilon^{tr}_{ij,mn} \qquad (4\text{-}28)$$

と与えられる。変態ひずみ $\varepsilon^{tr}_{ij,mn}$ は変態している部分要素に関しては、その変態システムの固有ひずみ（式（4-1））をマクロ座標の量に座標変換したものであり、変態していない部分要素に対してはゼロである。

　式（4-44）には温度の項が陽には現れていないが、右辺の変態ひずみ $\varepsilon^{tr}_{ij,m}$ を計算する際、変態条件のしきい値が温度の関数となるので、式（4-44）は温度とひずみが与えられたときの応力計算式となっている。

　弾性定数はオーステナイトとマルテンサイトの違いに応じた値を採用する。一般的には、結晶構造に応じた異方性をもつが、簡単のため、等方性であるものとして扱っている。

　現在の状態からひずみ増分 $\Delta\varepsilon_{ij}$ が与えられるときの応力を求めることを考える。まず、現在の相変態状態が変化しないとして $\varepsilon_{ij} \rightarrow \varepsilon_{ij} + \Delta\varepsilon_{ij}$ に対する各結晶粒の応力を求める。

$$\sigma_{kl,m} = \bar{C}_{ijkl,m}\left(\varepsilon_{ij} + \Delta\varepsilon_{ij,m} - \varepsilon^{tr}_{ij,m}\right) \qquad (4\text{-}89)$$

この応力を 4.2.2.6 (3) で示した座標変換則に従い、結晶粒座標の量に変換し、さらに4.2.2.6 (2) で示した座標変換則を用いて、各変態システム座標の量に変換する。もし新たな相変態（変態、逆変態、再配列）の条件が満足される変態システムが見出されたら、もっとも早期に変態する変態システムがちょうど変態するように増分量を減少し、1つの変態システムのみが変態するようにする。しかる後、その変態システムに相変態固有ひずみを与え、式（4-89）の $\varepsilon^{tr}_{ij,m}$ の値を修正し、再び各変態システムの応力を計算する。この

計算により、新たな変態システムが変態条件を満足したら、そのシステムに変態ひずみを
与え、再び各変態システムの応力を計算する。このとき複数の相変態システムにおいて変
態条件を満足する場合は、もっとも早くに変態条件を満足する変態システムを選び、その
変態システムが変態するものとする。この計算は新たな相変態が生じなくなるまで繰り返
す。新たな相変態が生じなくなったら式（4-89）により計算される応力をそのときのひず
み（全ひずみ）に対応する応力とし、次のステップに移り、新たなひずみ増分 $\Delta\varepsilon_{ij}$ を与え
計算を続行する。

(2) 負荷条件として応力経路（および温度経路）が与えられる場合

　負荷条件として応力が与えられる場合に適用できる式として式（4-47）が与えられる。式
（4-47）の右辺の変態ひずみ $\varepsilon_{ij,m}^{tr}$ は、(1) で示したように、ひずみの値を与えることによっ
て応力が計算され、その応力値を用いて計算されるものであるから、式（4-47）の計算に
おいては変態ひずみにあらかじめある値を仮定して計算を行うことになる。そのような計
算を行うと、相変化が生じるときは、式（4-47）の計算の前後において変態ひずみ $\varepsilon_{ij,m}^{tr}$ の
値が異なることになる。したがって、変態ひずみに変動がなくなるまで計算を繰り返す収
束計算を行う必要がある。計算の前後で変態ひずみが変化しなくなったときには、得られ
た応力とひずみの関係は正しい関係が得られたことになる。この収束が得られるためには
1回の荷重増分はあまり大きくはとれない。1回の荷重増分ごとにこの収束計算を行いつつ
全荷重履歴についての計算を行う。1回の応力増分に対する具体的手順は次のとおりであ
る。$\sigma_{ij} \rightarrow \sigma_{ij} + \Delta\sigma_{ij}$ として、式（4-47）に代入し、ひずみを計算する。このとき、変態ひず
みは前の状態のまま変化させないので、得られたひずみは前段階のひずみに応力増分に対
応した弾性ひずみ増分を加えたものになっている。そのひずみに対して、(1) と同様な方
法で、式（4-33）を用いて結晶粒の応力 $\sigma_{rs,m}$（$=\sigma_{rs,mn}$）を計算し、座標変換を施すことに
より変態システムの応力に変換する。新たな相変態がただ1つになるように増分を加減し、
そのときの変態ひずみ $\varepsilon_{ij,m}^{tr}$ を計算する。式（4-46）にこの値を入れ、修正されたひずみを
求め、それによる新たな相変態が起きないかどうかをチェックする。新たな変態が起きな
いときには、これをこの計算ステップにおけるひずみとし、次の計算ステップへと進む。
新たな相変化が生じるとき、もし、複数の相変化候補があるときには、もっとも早くに相
変態が生じる変態システムに変化が生じたとし、ひずみ $\varepsilon_{ij,m}^{tr}$ を計算する。式（4-47）にこ
の値を入れ、修正されたひずみを求め、再び、それによる新たな相変態が起きないかどう
かをチェックする。この繰返し計算は新たな相変態が起きなくなるまで行う。新たな相変
態が起きなくなり、変態ひずみ $\varepsilon_{ij,m}^{tr}$ が変化しなくなったとき、得られたひずみをこのステッ
プのひずみとして、次のステップに進む。

4.2.2.8　材料定数

(1) 必要な材料定数

アコモデーションモデルを形状記憶合金材料の構成式として用いるためには対象材料の材料定数を与える必要がある。必要な材料定数は以下の4種である。

(a) 晶癖面および変態方向

解析対象合金の金属学的解析により求める必要がある。Ti-Ni形状記憶合金に対しては表4-1に示すように文献[1]に与えられており、必要に応じてこれを利用する。

(b) 変態固有ひずみ

解析対象合金の金属学的解析により求められる。ただし、暫定的な値を定め、それを用いてアコモデーションモデルによる試計算を行い、実際の材料の応答と比較してこの値を修正する方法が実際的である。

(c) 弾性定数

オーステナイト相およびマルテンサイト相の弾性定数を求める。必要ならば弾性定数の温度依存性も求めておく。等方性を仮定すれば、引張り試験を行い、各相のヤング率を求めることができる。ポアソン比は、オーステナイトおよびマルテンサイトで等しいと仮定されることが多い。

(d) 変態応力および逆変態応力の温度依存性およびマルテンサイト再配列バリヤ応力

図4-7に示すような変態応力および逆変態応力の温度依存性データを実験的に求めておく必要がある。変態開始温度M_s、変態終了温度M_f、逆変態開始温度A_sおよび逆変態終了温度A_fは試料を無応力状態に保ったまま温度を変化させ吸熱および発熱の変化を示差走

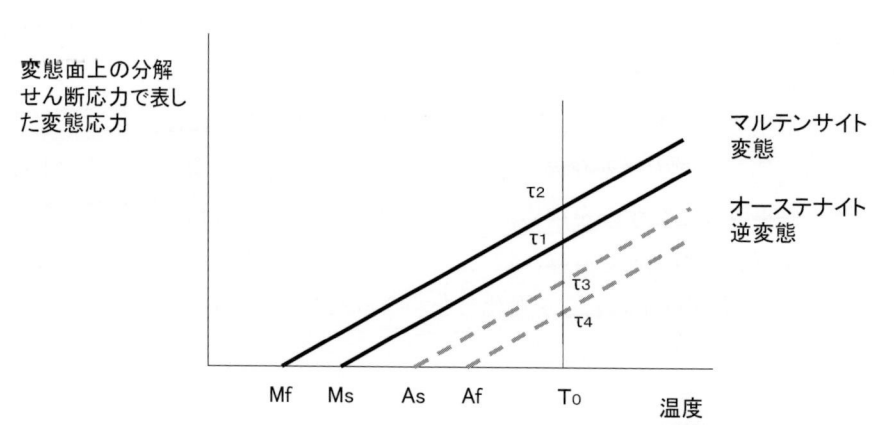

図4-7　変態面上の分解せん断応力で表した単結晶の変態応力

査熱量計（DSC）にて計測することによって求められる。また、電気抵抗の変化を測定することおよびその他の方法によっても測定可能である。

　変態応力および逆変態応力の温度依存性を精度よく求めるには、種々の温度における負荷・除荷曲線のデータが必要であり、これはかなり困難な作業である。しかし、実験データ[7]を参照し、図4-7に示すようにこれらの応力の温度依存性が温度に関し線形になると仮定すれば、ある１つの温度 T_0 における変態・逆変態応力（τ_1、τ_2、τ_3 および τ_4）の値と、先に求めておいた４つの変態温度を用いて、変態応力および逆変態応力の温度依存性データが求められる。さらに、このようにして得られた４本の応力の温度依存性を表す直線がお互いに平行であると仮定すれば、上記４つの応力値のうち１つの応力値だけあればよいことになる。

　変態・逆変態応力の値は、理想的には、単結晶材料を用いて、変態面（晶癖面）に平行なせん断応力条件の負荷・除荷試験を行うことにより求める。一般的には、多結晶材料を用いて、単軸応力条件の負荷・除荷試験を行い、変態および逆変態を生じる軸応力（S_1、S_2、S_3、S_4）を図4-8に示すように求め、単結晶の変態面における分解せん断応力で表した変態・逆変態応力（τ_1、τ_2、τ_3、τ_4）をこれらの値から換算する。

　マルテンサイト再配列バリヤ応力の値はマルテンサイト再配列が生じるときの応力－ひずみ挙動を再現するように設定する。

（2）材料定数同定手順の例、Ti-50.39at％Ni 多結晶材に対する材料定数同定

　対象材料として Ti-50.39at％ Ni の多結晶材を想定し、マクロ的な機械的性質としては等方性であるものと仮定する。単軸引張り試験の実験データとアコモデーションモデルによる解析結果の比較による材料定数の同定の具体的な手順を以下に述べる。

　その前に、アコモデーションモデルによる解析に関し、補足的な説明を行っておく。ア

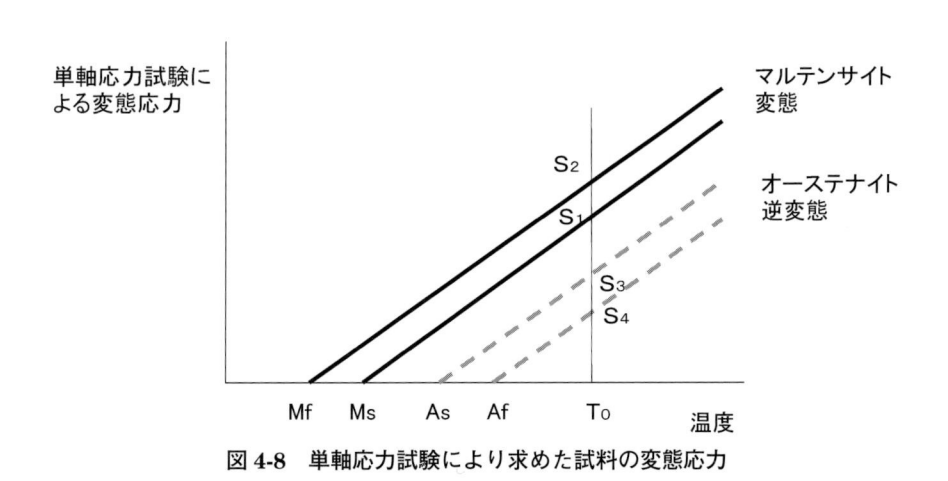

図4-8　単軸応力試験により求めた試料の変態応力

コモデーションモデルの計算には物質点を構成する種々の方位の結晶粒の数と、結晶粒を構成する部分要素の数を設定する必要がある。ここでは、結晶粒の方位は空間的に一様であるとして、図4-5に示すオイラー角 φ、θ および ψ に関し $0 \sim \pi/2$ の範囲をそれぞれ J、K および L 分割し、それぞれの方位の結晶粒を考える。結晶粒の対称性により $0 \sim \pi/2$ の範囲を考えれば十分である。さらに、単軸応力状態における材料の応答を考えるときは、応力とひずみの対称性から、θ に関する分割は必要ないことに注意する。このことを考慮して実際の計算では

$$M = J \times K \times L = 6 \times 1 \times 6 = 36 \tag{4-90}$$

の方位の結晶粒があるものとし、さらに、1つの結晶粒が

$$N = 1000 \tag{4-91}$$

の部分要素からなるものとして計算を行った。また、1つの部分要素中には、表4-1に示す24通りの変態システムが存在するので、材料の変態挙動はこれらすべての変態システムにおいて評価する必要がある。

(a) 晶癖面および変態方向

　ここでは Ti-Ni 形状記憶合金に対して表4-1に示されるものを用いる。

(b) 変態固有ひずみ

　変態固有垂直ひずみに対しては

$$\varepsilon^* = 0 \tag{4-92}$$

とし、変態固有せん断ひずみの仮の値

$$\gamma^*_{trial} = 0.2 \tag{4-93}$$

を与えてアコモデーションモデルを用いて単軸引張り応力-ひずみ曲線を計算し、変態が完了したときの変態ひずみを求めると、マクロ座標における軸ひずみの値として

$$\varepsilon^{tr}_{calc} = 0.074 \tag{4-94}$$

が得られる。一方、温度 $T_0 = 333\text{K}$ における単軸引張り実験[8]から変態完了時の変態ひずみとして

$$\varepsilon^{tr}_{exp} = 0.06 \tag{4-95}$$

が得られる。したがって、変態固有せん断ひずみは

$$\gamma^* = \gamma^*_{trial}\left(\varepsilon^{tr}_{exp} / \varepsilon^{tr}_{calc}\right) = 0.162 \tag{4-96}$$

と与えられることがわかる。

(c) 弾性定数

　温度 $T_0 = 333K$ における単軸引張り実験[8]よりオーステナイト相およびマルテンサイト相の縦弾性定数はそれぞれ

$$E_a = 65.5GPa \tag{4-97}$$

$$E_m = 14.1GPa \tag{4-98}$$

と求められる。ポアソン比は

$$\nu = 0.3 \tag{4-99}$$

と仮定する。ここでは弾性定数の温度依存性はないものとして扱う。必要あれば異なる温度における実験を行い、弾性定数の温度依存性を与えることは容易である。

(d) 変態応力および逆変態応力の温度依存性およびマルテンサイト再配列バリヤ応力

　変態開始温度 M_s、変態終了温度 M_f、逆変態開始温度 A_s および逆変態終了温度 A_f は DSC 測定により

$$M_s = 282.3K \tag{4-100}$$

$$M_f = 261.9K \tag{4-101}$$

$$A_s = 319.0K \tag{4-102}$$

$$A_f = 334.2K \tag{4-103}$$

と求められる[9]。

　温度 T_0 における変態応力を図 4-7 に示すように τ_1、τ_2、τ_3 および τ_4 とする。変態応力の温度依存性を温度に対して線形であると仮定し、変態開始応力、変態終了応力、逆変態開始応力および逆変態終了を表す直線が互いに平行であるとすれば次の式が成り立つ。

$$\tau_1 = \beta(T_0 - M_s) \tag{4-104}$$

$$\tau_2 = \beta(T_0 - M_f) \tag{4-105}$$

$$\tau_3 = \beta(T_0 - A_s) \tag{4-106}$$

$$\tau_4 = \beta(T_0 - A_f) \tag{4-107}$$

ここで、β は直線の傾きであり、たとえば、温度 T_0 における変態開始応力 τ_1 を用いて、

$$\beta = \tau_1 / (T_0 - M_s) \tag{4-108}$$

と求められる。

　(1) に述べたように、アコモデーションモデルを用いて形状記憶合金の挙動を解析するためには、T_0 における変態応力の値（変態面上の分解せん断応力で表した変態応力の値）τ_1、τ_2、τ_3 および τ_4 を求めることが必要である。しかし、この値を直接的に実験的で求めるためには、単結晶材を用意して変態面に平行な負荷をかける必要があるがこれは実現するのが難しい。実際には（多結晶の）細線を用いて単軸応力状態における実験を行い、図4-8 に示されるような軸応力で表したマクロな変態応力 S_1、S_2、S_3 および S_4 の実験結果をもとに τ_1、τ_2、τ_3 および τ_4 の推定値を得て、その値を用いてアコモデーションモデルによる計算を行い、その推定の精度を確かめる手続きが必要である。

　$T_0 = 333K$ とし、単軸引張試験[8]から得られた軸応力で表したマルテンサイト変態開始応力 S_1 の値を $S_{1,exp}$ と書くと

$$S_{1,exp} = 302MPa \tag{4-109}$$

が得られる。

　τ_1 の仮の値を $\tau_{1,trial}$ として

$$\tau_{1,trial} = S_{1,exp} / 2 = 151MPa \tag{4-110}$$

を用いることとする。この値を、式（4-108）に代入すれば β および変態終了応力 τ_2 の仮の値が求められる。

　これらの値を用いてアコモデーションモデルにより単軸引張り条件における変態応力-ひずみ曲線を計算し、初期弾性線と変態線の接線との交点を $S_{1,calc}$ とすれば

$$S_{1,calc} = 463MPa \tag{4-111}$$

となる。

　この値を式（4-109）に一致させるように式（4-110）に示した τ_1 の値を修正する。すなわち、修正された τ_1 の値は

$$\tau_1 = \tau_{1,trial}\left(S_{1,exp} / S_{1,calc}\right) = 98.5 MPa \tag{4-112}$$

となる。式（4-108）にこの値を代入することにより、修正された β の値が

$$\beta = \tau_1 / (T_0 - M_s) = 1.94 \tag{4-113}$$

と求められる。

　この値を式（4-104）〜（4-107）に代入することにより変態応力および逆変態応力の温度依存性が与えられる。さらに、これらの値を式（4-18）および式（4-20）に代入して、各部分要素の変態および逆変態応力の値を得る。

　マルテンサイト再配列バリヤ応力は式（4-24）によって与えられる。式（4-24）中の材定数 τ_{or0} および a_{or} は実験データに整合するように決定する。

　マルテンサイト再配列が生じる場合は一般には次のような場合が挙げられる。

1) 　負荷応力の方向が変化する。

2) 　温度誘起マルテンサイト変態を生じた材料要素に応力が負荷され、応力誘起マルテンサイト変態が生じる。

3) 　変態・塑性相互作用条件下で、変態ひずみの方位と塑性ひずみの方位の違いにより励起された局所応力によりマルテンサイト再配列が生じる。

　マルテンサイト再配列にかかわる材料定数を決定するためには、同時に起こる変態変形の効果を分離できる実験データを利用するのが望ましい。上記の 1) 〜 3) の場合のうち変態終了温度以下における 2) の場合における引張り試験のデータを用いることとする。この条件における非弾性ひずみはマルテンサイト再配列だけによるものであるので、このデータからこの温度におけるマルテンサイト再配列にかかわる材料定数を決定することができる。

　ただし、現在のところ、Ti-50.39at% Ni に対するデータを入手できていないので、定数決定の手順のみ示す目的で、標記の材料とは異なるが Ti-Ni-Cu 形状記憶合金のデータを用いることとする。Ti-Ni-Cu 形状記憶合金の $T = 293K$（$<M_f$）における繰返し応力−ひずみ挙動を図 4-9[10] に示す。ここで $N = 1$ で表された曲線が、$T = 293K$（$<M_f$）における単軸応力−ひずみ曲線であり、低温におけるマルテンサイト再配列挙動を示している。

　まず材料定数 τ_{or0} について検討する。材料定数 a_{or} の値を

$$a_{or} = 0 \tag{4-114}$$

と仮置きし、いくつかの τ_{or0} の値に対する Ti-50.39at% Ni 材の $T = 260K$（$<M_f$）における単軸応力−ひずみ挙動を計算し、その結果を図 4-10 に示す。図 4-9 に示す $N = 1$ の応力−ひずみ曲線の初期の形状と比較して

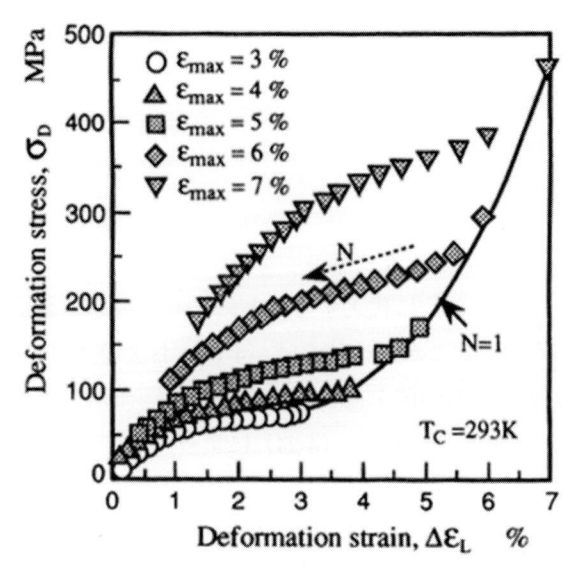

図 4-9　T＝293K（T＜M_f）における Ti-Ni-Cu の応力－ひずみ挙動[10]

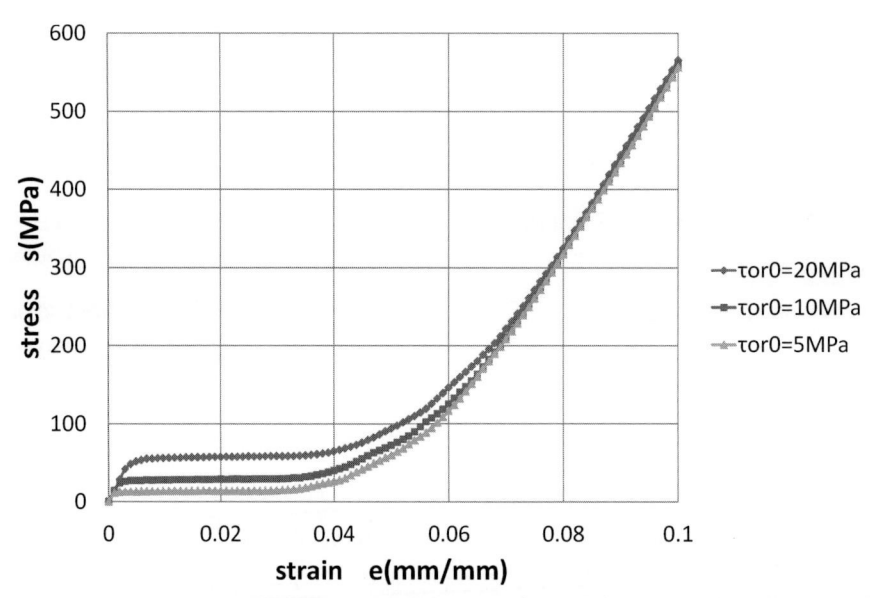

図 4-10　マルテンサイト再配列による単軸応力－ひずみ曲線（T＝260K（＜M_f）、a_{or}＝0）
※口絵参照

$$\tau_{or0} = 10MPa \tag{4-115}$$

が適切であろうことがわかる。また、τ_{or0} の値を小さくすると、とくに、$\tau_{or0}<4MPa$ においては、数値計算が不安定になることを付言する。

　次に $\tau_{or0}=10MPa$ と固定して、いくつかの a_{or} の値に対する応力－ひずみ曲線を計算し図 4-11 に示す。この結果と図 4-9 に示す実験結果を比較して

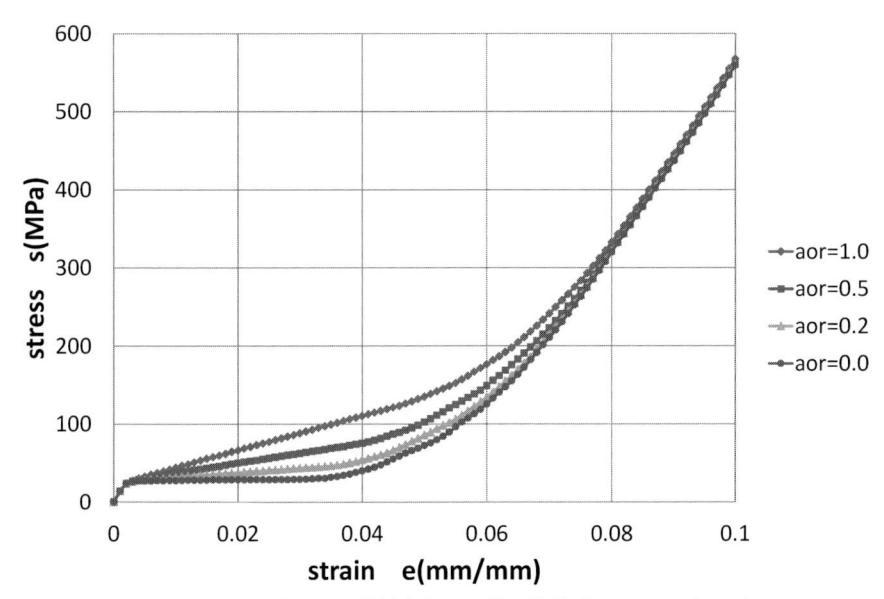

図 4-11　マルテンサイト再配列による単軸応力–ひずみ曲線（T＝260K（＜M$_f$）、τ$_{or0}$＝10MPa）
※口絵参照

$$a_{or} = 0.2 \tag{4-116}$$

が適当であろうという結果が得られる。

　ただし、図 4-9 に示す実験結果は、Ti-50.39at％ Ni 材の実験データではなく、かつ、マルテンサイト再配列に対しても T＜M_f に対してのデータのみを参考としているため、マルテンサイト再配列に関する材料定数の決定に対しては、温度依存性のデータも含めて、今後のさらなる検討が必要である。

4.2.2.9　形状記憶合金の変態挙動計算例

　以下にアコモデーションモデルを用いた材料応答の計算例をいくつか示す。対象としている材料は Ti-Ni 形状記憶合金であるが、計算に用いた材料パラメータについてはそれぞれの計算ケースに対応する文献を参照されたい。

（1）超弾性挙動[11) 12)]

　単軸応力状態における形状記憶合金の超弾性挙動の計算例を**図 4-12** に示す。逆変態終了温度以上の温度において温度を一定に保ち、ひずみ制御にて最大ひずみの値になるまで引張り、その後、応力ゼロになるまで除荷したときの応力–ひずみ挙動を示している。引張り応力が小さいときには弾性挙動を示し、応力とひずみは比例するが、引張り応力が増加するに伴い変態が始まり、応力の増加率が減少し、最大ひずみ ε_{max}＝0.13 に対する計算例では、やがて変態が終了し、変態が終了すると再び弾性挙動をする様子が示されている。

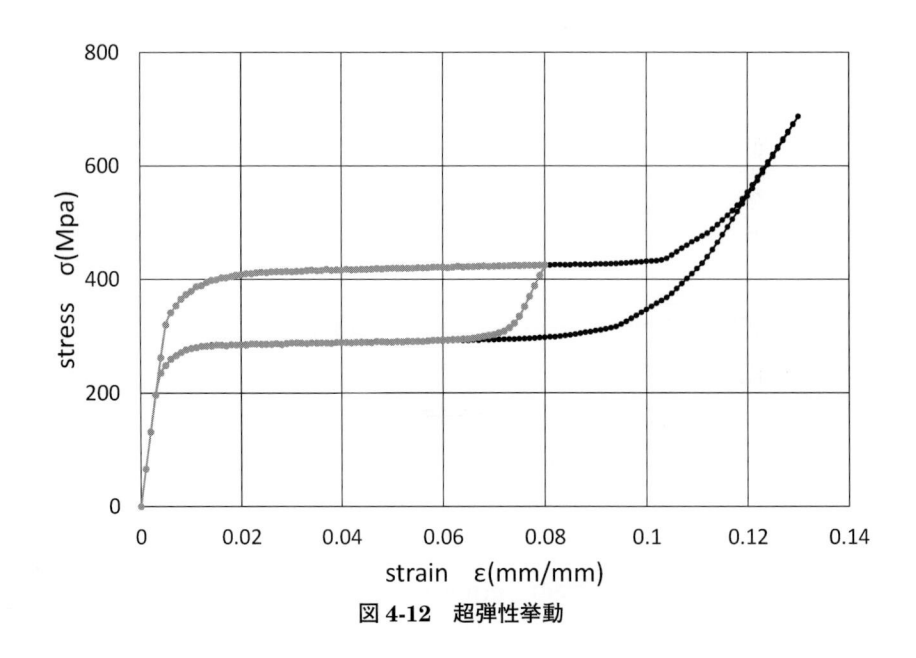

図 4-12　超弾性挙動

このとき、変態前（オーステナイト状態）のヤング率と変態完了（マルテンサイト状態）のヤング率が異なることが図 4-12 から読み取れる。最大ひずみ $\varepsilon_{max} = 0.13$ に達した後、除荷していくと、最初は弾性的に応力およびひずみが減少していくが、やがて逆変態が始まり負荷中に生じた変態ひずみが消滅していくにつれて応力の減少率が小さくなる。さらに除荷していくと、すべての変態ひずみが消滅し、材料は再び弾性的な挙動を示し、最終的に応力−ひずみは原点に戻る。すなわち、超弾性挙動を示す。図より明らかなように、変態を生じているときの応力より逆変態を生じているときの応力が小さいため、応力−ひずみ曲線はヒステリシスを伴う。また、弾性状態から変態進行状態への移行時など相変化の移行時における応力−ひずみ曲線の滑らかな挙動が示されている。

　このような負荷経路に対しては変態ひずみは可逆的であり、繰返し負荷に対して定常的なヒステリシスループが得られる。実際の材料においては繰返し負荷に対してヒステリシスループの形状が次第に変化するが、これは変態に伴って生じる塑性ひずみの影響であり、塑性ひずみの影響を取り入れた構成式に関しては **4.3** および **4.4** で述べる。

　最大ひずみ $\varepsilon_{max} = 0.08$ の負荷に対しては、変態は生じるが完了に至らず、変態完了後に再び弾性挙動を生じる挙動はみられない。この場合も、最大ひずみからの除荷に伴い逆変態が生じ、最終的には応力−ひずみが原点に戻る超弾性挙動を観察することができる。この場合、逆変態を生じているときの応力−ひずみ曲線は、最大ひずみ $\varepsilon_{max} = 0.13$ のケースの逆変態時の応力−ひずみ曲線に重なる。

　実際の材料においては、変態に重畳して生じる塑性ひずみの影響で 2 つのケースで逆変態時の応力−ひずみ曲線が重ならない場合もある。

(2) 形状記憶効果[11)12)]

　図 4-13 は形状記憶効果の計算例である。与えた負荷条件を以下に示す。負荷経路は初期状態の設定を含めて 5 つの荷重パスよりなる。

1)　初期状態として、材料はオーステナイト逆変態終了温度以上の温度 $T=333K$ で $\sigma=0MPa$、$\varepsilon=0$ にあるものとする。

2)　$\sigma=0MPa$ を保ったまま温度をマルテンサイト変態終了温度以下の温度 $T=280K$ に低下させる。

3)　単軸引張り応力を付加し、$\varepsilon=0.06$ まで引張りひずみを与える。

4)　応力を除荷する。

5)　温度をオーステナイト逆変態終了温度以上の温度 $T=308K$ にする。

　初期状態から温度を低下させていくとマルテンサイト変態が開始し、変態終了温度より低い $T=280K$ においてはマルテンサイト変態が完了しているが、マルテンサイト変形が空間のランダムな方位に一様に生じ、結果としてひずみゼロのマルテンサイト変態が達成される。したがって、図 4-13 上の応力およびひずみにはなんの変化も現れない。荷重パス 3)以降ではこの状態を初期状態として計算を行った。この際、変態固有ひずみの垂直ひずみ成分を無視し、せん断成分のみを考慮した。荷重パス 3) 以降の計算結果を図 4-13 および図 4-14 に示す。ここで、図 4-13 は 3D プロッターによって作図されている。ただし、これらの図において熱膨張ひずみはプロットから除外してある。

　図 4-13 および**図 4-14**（a）に計算から得られた応力–ひずみ関係を表す。これらの図に

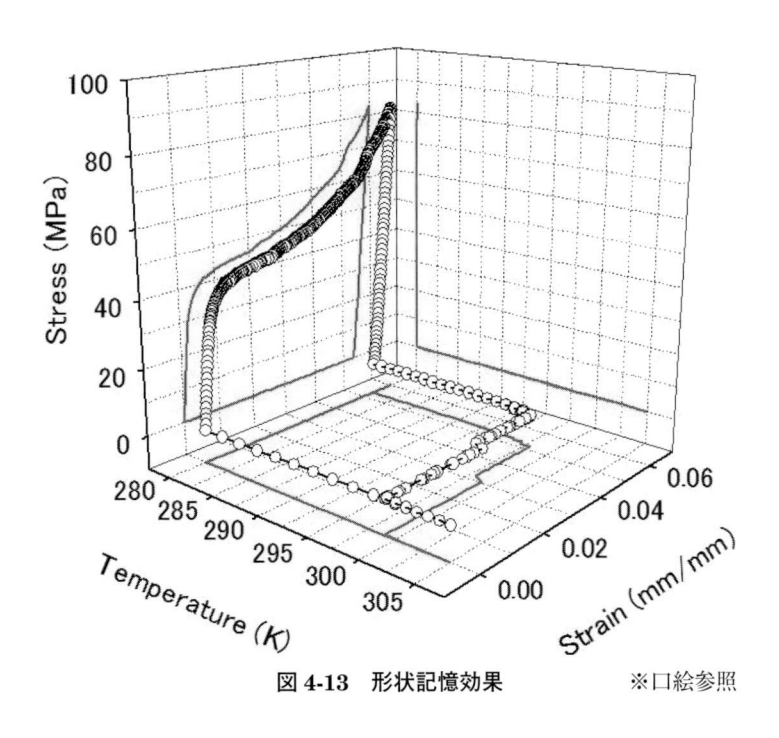

図 4-13　形状記憶効果　　　　※口絵参照

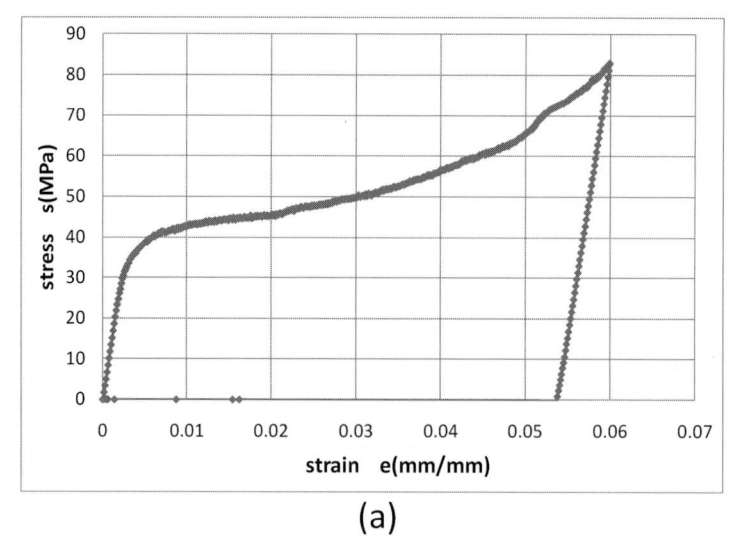

(a)

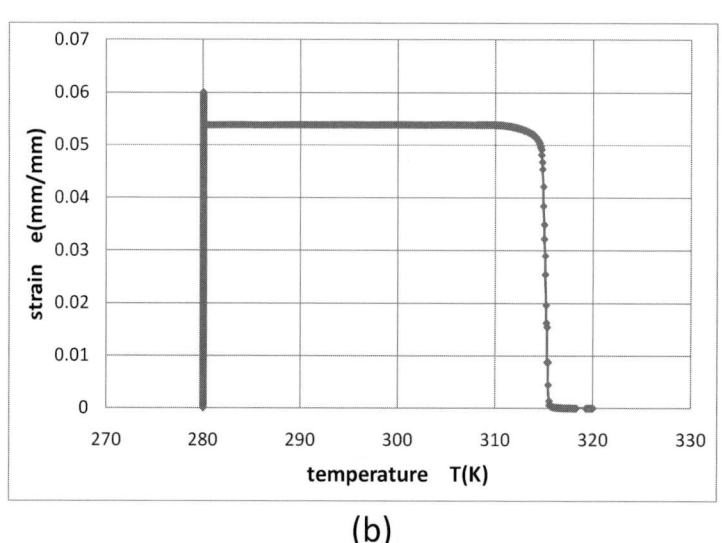

(b)

図 4-14 形状記憶効果 (2) (a) 応力−ひずみ関係 (b) ひずみ−温度関係

おいて、荷重パス 3) では、応力の増加とともにマルテンサイト再配列が起こり、曲線状
の応力−ひずみ線図が得られることがわかる。また、荷重パス 4) では、弾性的に応力が減
少して、応力零においてひずみが残留することが確認できる。荷重パス 5) において、温
度を上昇させることにより、オーステナイト逆変態が生じ、残留ひずみが次第に解消され、
完全にオーステナイト状態になると、残留ひずみがゼロとなり、初期形状を回復し、形状
記憶効果が発現することが図 4-13 および図 4-14 (b) に示されている。図 4-13 においては、
用いた 3D プロッターの解像度が低かったため、温度の変化に伴うひずみの変化に段差が
あるようにみえるが、図 4-14 においては、温度上昇に伴いひずみが滑らかに減少していく
様子が表されている。

(3) ひずみ保持温度変化に対する応答[12]

　図 4-15 に機械的負荷による応力およびひずみを与えた後、ひずみを保持したまま、温度上昇および温度減少のサイクルを与えたときの応答を示す。温度上昇によって変態限界応力が上昇し逆変態が生じ、その際、ひずみ保持されていることに応じて応力が上昇する。応力が降伏応力を超える場合は塑性変形が生じる（ここでの計算では塑性変形の影響は無視している。塑性変形については 4.3、4.4 で述べる）。温度が下がるとマルテンサイト変態が生じ、応力が減少する。温度変化による応力変化状況は、3 次元プロットの応力−温度平面への投影により確認できる。

(4) バイアスバネを有する SMA ワイヤ構造の応答[12][13]

　形状記憶合金の応用の 1 つとして温度変化よって位置制御を行うことが挙げられる。このような作用を行う装置の基本的な構造はバイアスバネを有する SMA ワイヤ構造であるが、そのもっとも簡単な例として図 4-16 に示す SMA ワイヤとバイアスバネを直列につないだ構造が挙げられる。ここでは、図 4-16 に示す構造の応答を計算し、その特性を検討した。

　初期状態において温度 $T = 333K$、ひずみ $\varepsilon = 0$ とし、SMA は母相の状態にあるものとする。図 4-16 において、SMA ワイヤの左端を固定し、バイアスバネの右端に右方向に引張り荷重をかけ、SMA ワイヤに $\sigma = 100MPa$ の応力を発生させる。この状態で右端を固定す

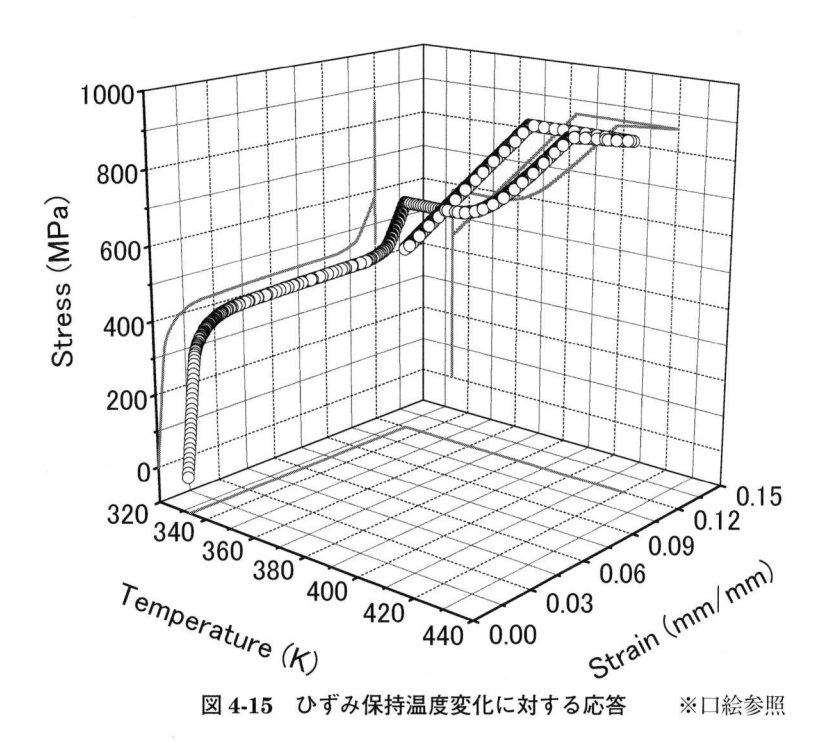

図 4-15　ひずみ保持温度変化に対する応答　　※口絵参照

る。しかる後、繰返し温度負荷 $T = 333K \leftrightarrow 280K$ を与える。

　計算結果を**図4-17**に示す。計算結果の温度−ひずみ平面への投影図をみれば繰返し温度変化に対して対応するひずみが繰り返されることがわかる。したがって、SMAワイヤとバイアスバネの結節点の変位に注目すれば、この点における変位を温度によって制御できることがわかる。このように、図4-16に示すような構造を用いることにより、温度変化によって位置制御を行うことができるが、応答はヒステリシスを伴うので、それを考慮した制御が必要である。

(5) マルテンサイト再配列を伴う変態応力−ひずみ曲線

　Ti-50.39at% Ni 形状記憶合金を対象とし、変態温度および逆変態温度を以下のように与える。変態挙動に関するその他の材料パラメータの値は**4.2.2.8**に示したものを用いて計算を行った。

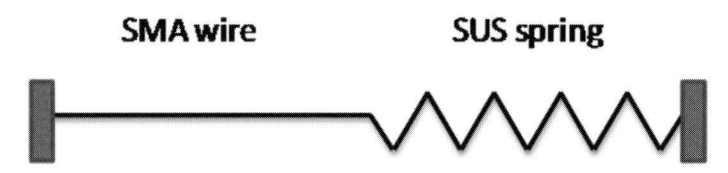

図4-16　SMAワイヤとバイアスバネを組み合わせた構造

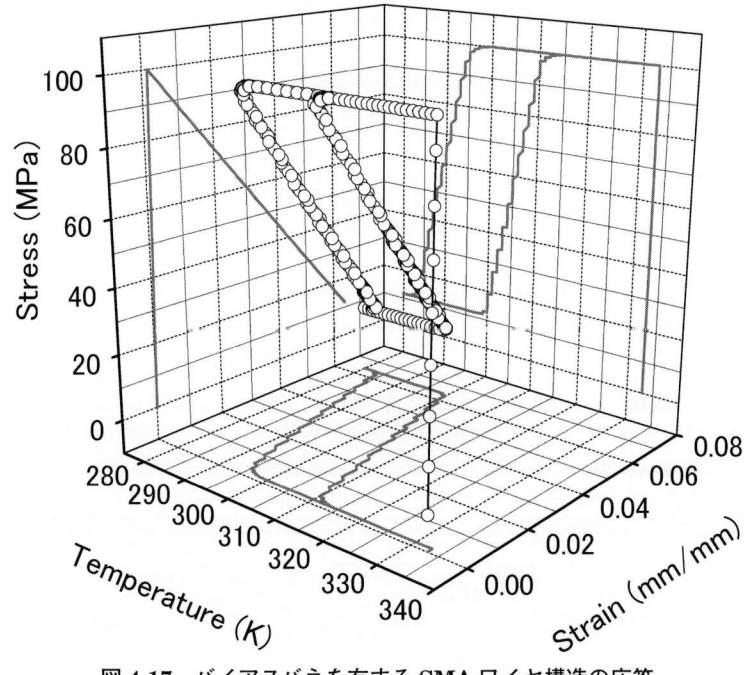

図4-17　**バイアスバネを有するSMA**ワイヤ構造の応答

※口絵参照

$M_s = 282.3K$

$M_f = 261.9K$

$A_s = 319.0K$

$A_f = 334.2K$

　ここでは、ある温度における変態を伴う単軸応力-ひずみ曲線が、負荷前の材料の変態相の違いにより異なったものとなることを示す。

　1つの例として、$T = 327K$ における単軸応力負荷に対する変態応力-ひずみ曲線を計算した結果を示す。

　応力負荷前の材料は、母相状態にある場合と、変態終了温度以下である $T = 260K$ への冷却、次いで逆変態開始温度以上である $T = 327K$ への加熱を受け、部分的にマルテンサイト状態にある場合の 2 種類の材料について考える。応力負荷前のマルテンサイト体積分率の値を F_{MO} と表すことにすれば前者の材料においては $F_{MO} = 0$ となる。後者の変動温度負荷を受けた材料においては、まず、$T = 260K$ への冷却による温度誘起変態によって完全マルテンサイト状態に変化し、次いで $T = 327K$ への加熱による温度誘起逆変態によって、母相への逆変態が部分的に生じ母相と温度誘起マルテンサイト相の混合した状態になる。計算によるとこのときの材料のマルテンサイト体積分率は $F_{MO} = 0.474$ である。

　これら 2 つのマルテンサイト体積分率の異なる材料に単軸引張り負荷を与え、得られた変態応力-ひずみ曲線を**図 4-18** に示す。$F_{MO} = 0$ の材料においては、変態は最初から応力誘起変態によって生じ、$F_{MO} = 0.474$ の材料においては、変態は最初、マルテンサイト再配列によって生じ、温度誘起マルテンサイトが応力誘起マルテンサイトへの再配列完了後に、

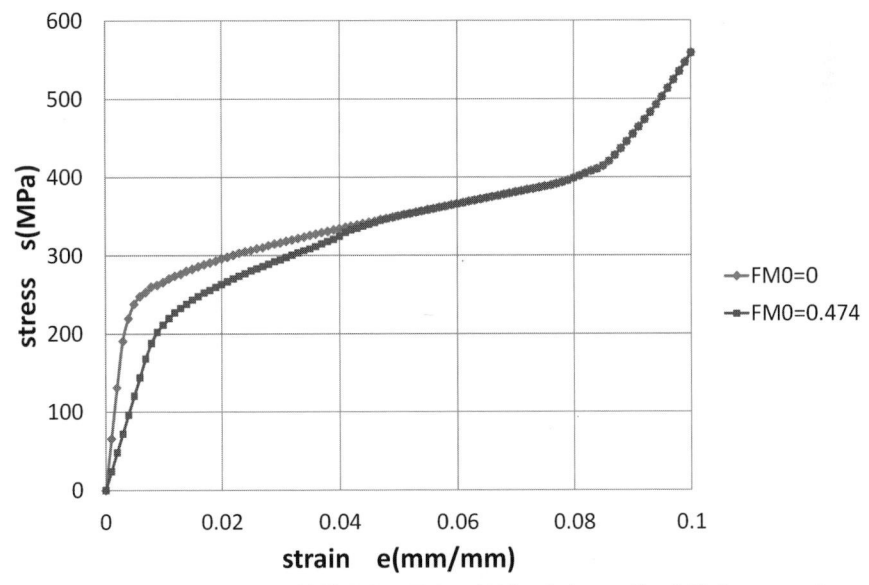

図 4-18　マルテンサイト体積分率の異なる材料の応力-ひずみ曲線 （**T = 327K**）

応力誘起変態が生じる。図4-18に示すようにマルテンサイト体積分率の異なる材料の応力－ひずみ曲線は、負荷初期においては、弾性定数の違いおよび応力誘起変態かマルテンサイト再配列かの変形機構の違いにより、異なっているが、ひずみ $\varepsilon = 0.04$ を超えた付近において温度誘起マルテンサイトの再配列完了後の両材料の応力－ひずみ曲線は一致する。ひずみ増加に伴うマルテンサイト体積分率の増加の様子を図4-19に示す。

このように同一の温度においてもマルテンサイト体積分率の異なる材料は応力－ひずみ曲線の形状が異なる。一方、試験開始前の F_{M0} の値は、試験温度を設定する前の温度履歴（温度誘起変態履歴）の違いによりいかようにも設定できる。このことは、形状記憶合金の実用化において、とくに温度および応力（ひずみ）の変化する負荷履歴の下で使用する場合には、応力ゼロおよびひずみゼロの状態に材料において、マルテンサイト体積分率の値が予想したものと異なる場合があり、したがって、その後の変態挙動が予想と異なることがあるので注意が必要であることを示している。

（6）多軸応力場における解析・比例負荷[14]

軸応力とせん断応力の2軸応力場における変態挙動の計算を行った。軸ひずみとせん断ひずみが比例する条件で、図4-20に示すひずみ空間における方位角 α の種々の値に対して応力－ひずみ関係を求めた。一例として図4-21に $\alpha = 0$（単軸引張り）に対する応力－ひずみ関係を示す。弾性挙動から変態が開始し、さらに変態が発達、変態が終了の後再び弾性挙動をする様子が示されている。ここで、変態開始応力 σ_{TR} を、図に示すように弾性挙動を表す線と変態挙動を表す線の接戦の交点の応力と定義する。種々の α 値に対して計算

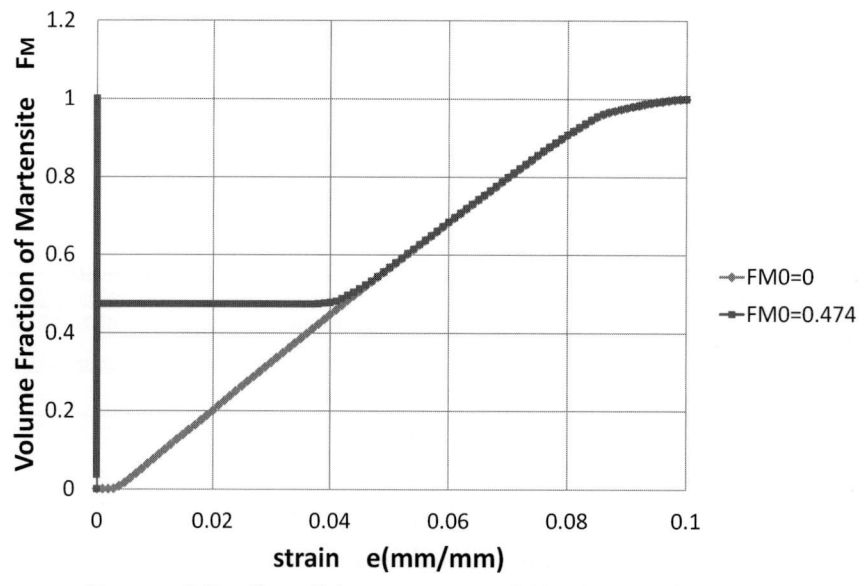

図4-19　変態ひずみに伴うマルテンサイト体積分率の変化（T＝327K）

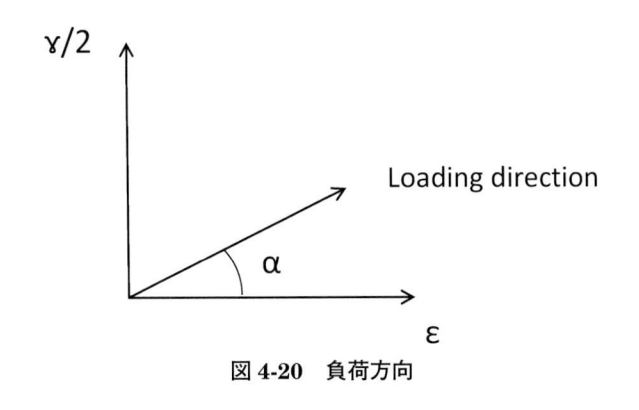

図 4-20　負荷方向

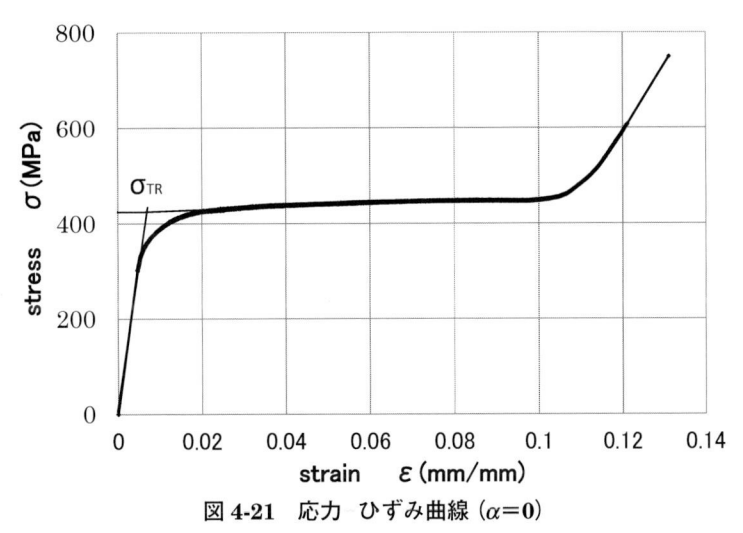

図 4-21　応力　ひずみ曲線（$\alpha=0$）

された応力−ひずみ曲線に対し変態開始応力を求め、**図 4-22** のようにプロットし、これらの点を滑らかに結ぶと応力空間内に１つの曲線が得られる。この曲線を変態応力相互作用線（面）と呼ぶことにすると、図 4-22 に示すようにこれはミーゼスの相当応力

$$\sigma_{eq} = \sqrt{\sigma^2 + 3\tau^2} \tag{4-117}$$

の応力空間内のプロットと非常に近いことがわかる。また、相当変態ひずみ

$$\varepsilon^{tr}{}_{eq} = \frac{\gamma^*}{\sqrt{3}} F_M \tag{4-118}$$

を定義して、相当応力と相当変態ひずみの関係を**図 4-23** に示す。ここで、F_M はマルテンサイトの体積分率である。図からわかるように、相当応力と相当変態ひずみの関係は、負荷経路における軸ひずみとせん断ひずみの比（α の値）によらず１本の曲線で近似されることがわかる。図 4-22 および図 4-23 に示した関係は、形状記憶合金の変態挙動解析への不変量理論の適用可能性を示している。実際、この関係を利用して、材料の内部構造の変化

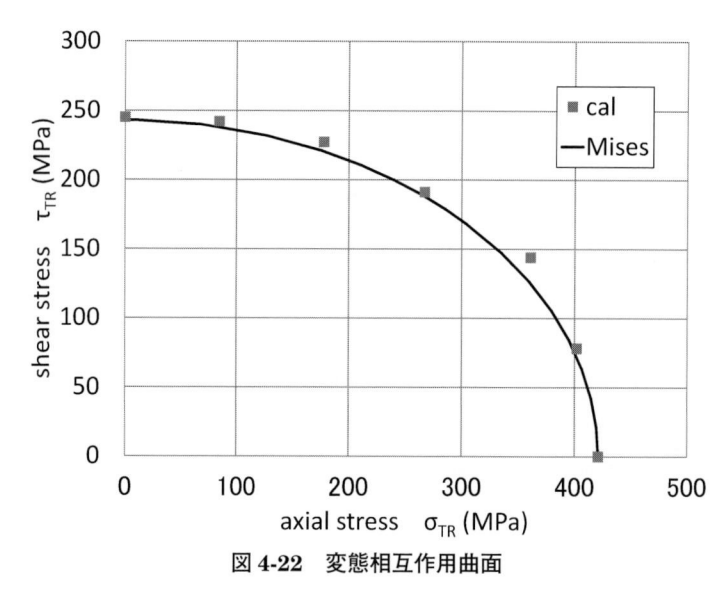

図 4-22 変態相互作用曲面

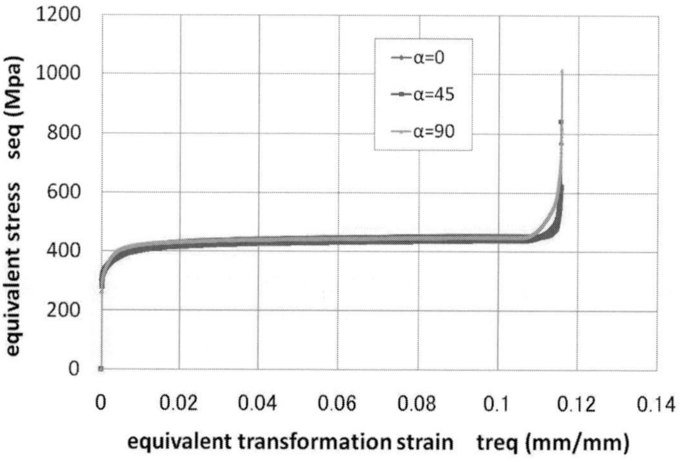

図 4-23 相当応力と相当変態ひずみの関係

※口絵参照

を参照することなく、形状記憶合金の挙動を現象論的に記述する簡易型の構成式が等応力モデルとして、文献 15) に提案されている。

(7) 多軸応力場における解析・非比例負荷[13)16)]

　非比例負荷条件の試験が形状記憶合金（Ti-56wt% Ni）の円筒試験片（5.015mmOD, 4.525mmID）を用いて $T=313K$ において引張り・ねじり条件下で行われた。非比例負荷条件での試験結果の一例を図 4-24 に示す。負荷はひずみ制御にて行われ、負荷条件を表 4-3 に示す。軸応力とせん断応力の相互作用による複雑な応力−ひずみ挙動が得られた。この

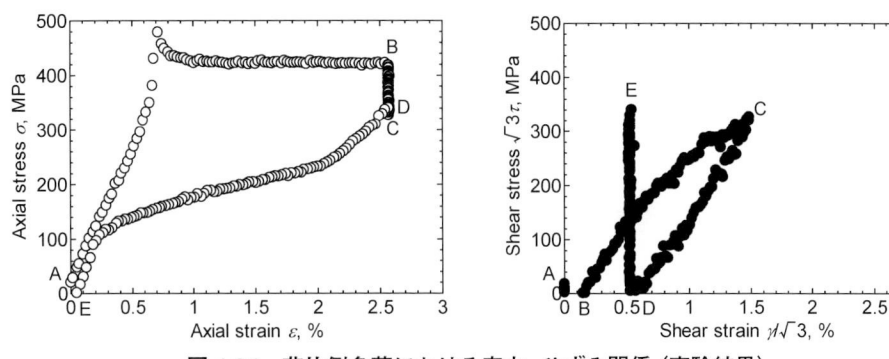

図 4-24　非比例負荷における応力‐ひずみ関係（実験結果）

表 4-3　軸力ねじり試験負荷経路

Path	Axial strain ε （%）	Shear strain γ （%）
A to B	0 → 2.6	0
B to C	2.6	0 → 1.5
C to D	2.6	1.5 → strain at $\tau = 0 MPa$
D to E	2.6 → strain at $\sigma = 0 MPa$	strain hold

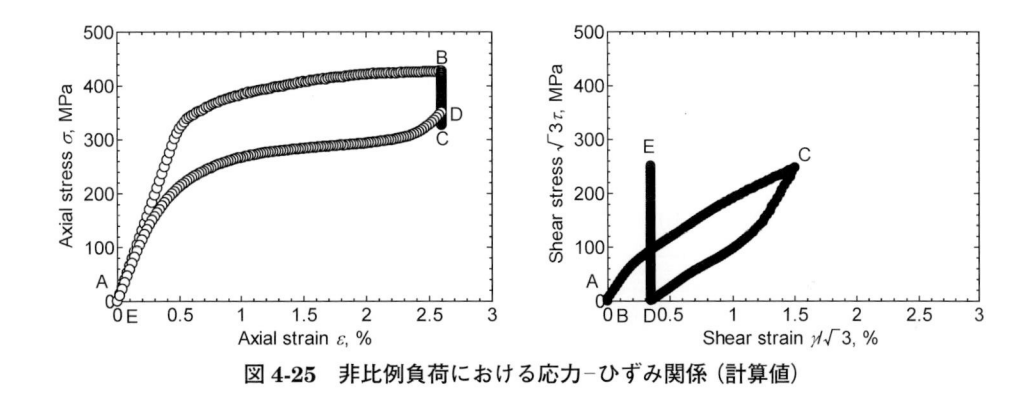

図 4-25　非比例負荷における応力‐ひずみ関係（計算値）

実験結果に対応する計算を行った結果を**図 4-25** に示す。この図よりアコモデーションモデルを用いた計算により、Ti-Ni 形状記憶合金の多軸応力・非比例負荷条件の応力‐ひずみ挙動がよく記述できることがわかる。計算に用いた材料定数のパラメータの合わせこみをより精密に行えば定量的にもよりよい結果が得られるものと思われる。軸応力‐軸ひずみ曲線にみられる軟化挙動は計算では記述できていないが、これは、円筒試験片にマクロ的に発生・成長したマルテンサイトの帯状組織によるものと考えられる[16]。

4.3 アコモデーションモデルによる弾塑性変形の記述

4.3.1 アコモデーションモデルの弾塑性変形への拡張

4.3.1.1 変態モデルから弾塑性モデルへの変更点

4.2.2 では形状記憶合金の変態挙動解析のための構成式モデルであるアコモデーションモデルについて述べた。ここでは、アコモデーションモデルに若干の修正を行うだけでそのまま弾塑性変形へ適用可能であることを示す。

修正点は以下のとおりである。

1) 変態システム ⟶ スリップシステム
2) 変態条件 ⟶ 降伏条件、硬化条件
3) 変態固有ひずみ ⟶ 塑性ひずみ増分の累積

それぞれの項目について、以下に説明を補足する。

4.3.1.2 スリップシステム

塑性すべりが生じる面をすべり面といい、すべり面上のすべり方向と合わせてスリップシステムと呼ぶ。4.2.2 において形状記憶合金の変態をアコモデーションモデルで扱うとき、結晶の変態システムを考えたが、塑性変形においては、変態システムの代わりにスリップシステムを考えるだけアコモデーションモデルを弾・塑性変形の解析に適用できる。

体心立方格子のスリップシステムは ｛110｝ – 〈111〉、｛112｝ – 〈111〉 および ｛123｝ – 〈111〉の3種がある。それぞれのスリップシステムのすべり面とすべり方向の指数を**表4-4**に示す。体心立方格子では ｛110｝ 面がもっとも稠密な面であるが、密度の点ではその他

表4-4　BCC のすべり系

｛110｝ - 〈111〉系	｛112｝ - 〈111〉 系	｛123｝ - 〈111〉 系	
1 (110) - [$\bar{1}$11]	1 (112) - [$\bar{1}$1$\bar{1}$]	1 (123) - [11$\bar{1}$]	13 (231) - [1$\bar{1}$1]
2 (110) - [1$\bar{1}$1]	2 ($\bar{1}$12) - [111]	2 ($\bar{1}$23) - [1$\bar{1}$1]	14 ($\bar{2}$31) - [11$\bar{1}$]
3 ($\bar{1}$10) - [11$\bar{1}$]	3 ($\bar{1}$12) - [1$\bar{1}$1]	3 (12$\bar{3}$) - [111]	15 (2$\bar{3}$1) - [111]
4 ($\bar{1}$10) - [111]	4 (11$\bar{2}$) - [$\bar{1}$11]	4 (12$\bar{3}$) - [111]	16 (23$\bar{1}$) - [$\bar{1}$11]
5 (101) - [11$\bar{1}$]	5 (121) - [$\bar{1}$1$\bar{1}$]	5 (213) - [11$\bar{1}$]	17 (321) - [$\bar{1}$11]
6 (101) - [$\bar{1}$11]	6 ($\bar{1}$21) - [111]	6 ($\bar{2}$13) - [1$\bar{1}$1]	18 (321) - [111]
7 ($\bar{1}$01) - [1$\bar{1}$1]	7 (12$\bar{1}$) - [$\bar{1}$11]	7 (2$\bar{1}$3) - [11$\bar{1}$]	19 (3$\bar{2}$1) - [11$\bar{1}$]
8 ($\bar{1}$01) - [111]	8 ($\bar{1}$21) - [11$\bar{1}$]	8 (21$\bar{3}$) - [111]	20 (32$\bar{1}$) - [1$\bar{1}$1]
9 (011) - [11$\bar{1}$]	9 (211) - [1$\bar{1}$$\bar{1}$]	9 (132) - [11$\bar{1}$]	21 (312) - [11$\bar{1}$]
10 (011) - [1$\bar{1}$1]	10 (2$\bar{1}$1) - [111]	10 ($\bar{1}$32) - [1$\bar{1}$1]	22 (312) - [111]
11 (0$\bar{1}$1) - [111]	11 (2$\bar{1}$1) - [11$\bar{1}$]	11 (1$\bar{3}$2) - [111]	23 (3$\bar{1}$2) - [11$\bar{1}$]
12 (0$\bar{1}$1) - [$\bar{1}$11]	12 (211) - [1$\bar{1}$1]	12 (13$\bar{2}$) - [111]	24 (31$\bar{2}$) - [1$\bar{1}$1]

文献[6]のデータの一部修正

の面と比べてとくに優れているわけではない。体心立方（bcc）金属のすべりを決定するもっとも重要な要素は結合のもっとも強い方向〈111〉が存在することである。体心立方格子では、すべりは常に〈111〉の方向で起こるが、すべり面はこの方向を含む種々の面でありうると考えられている[17]。また、一般的には ¦110¦ 面のすべりが85％を占めているといわれている[18]。

　ここでは、簡単のため、スリップシステムを ¦110¦ −〈111〉に限定し検討を行う。

4.3.1.3　降伏応力

　塑性変形は、すべり面の分解せん断応力が限界値に達したとき、生じるとする。この値を降伏応力と呼び、材料の特性値であるとする。またこの値は結晶粒の累積塑性ひずみによって増大し、この増大の係数を加工硬化係数とする。

　降伏応力 τ_y は結晶粒 ig ごとに定義されるとすれば

$$\tau_y(ig) = \tau^p + \int H'\left(\varepsilon_{eq}^p(ig)\right) d\varepsilon_{eq}^p(ig) \tag{4-119}$$

と表される。ここで、

　τ^p：初期降伏応力

　ε_{eq}^p：相当塑性ひずみ

$$\varepsilon_{eq}^p = \int d\varepsilon_{eq}^p$$

$$\mathrm{d}\varepsilon_{eq}^p = \sqrt{\frac{2}{3} d\varepsilon_{ij}^p d\varepsilon_{ij}^p}$$

　H'：加工硬化係数

である。

　加工硬化係数が定数であると仮定すれば式（4-119）は次のように書ける。

$$\tau_y(ig) = \tau^p + H' \int d\varepsilon_{eq}^p(ig) \tag{4-120}$$

　変態の解析においては変態における加工硬化を表すため結晶粒を N 個の部分要素に分け、それぞれに異なった変態限界応力を与えたが、塑性変形においては式（4-120）に表されるように加工硬化係数によって加工硬化挙動を表すため部分要素に分解する必要はない。しかし、変態の解析とまったく同一の形式で解析を行うのが便利な場合は、結晶粒を1個の部分要素に分け、すなわち、$N=1$ として解析を行えばよい。

4.3.1.4　塑性ひずみ増分

　降伏条件が満足されたスリップシステムにおいてはすべりが生じるが、すべりが生じることによりその方向の応力緩和が生じ、生じるすべりの量は周り拘束により有限の値に規

定される。この状態を表現するため、ある小さな量の仮の塑性ひずみ増分を与え、応力変化をモニターする。そのとき、同じスリップシステムにおいて塑性変形条件が満足されるときは、再度、仮の塑性ひずみ増分を与える。そうでない場合は、異なるスリップシステムにおける塑性変形の評価を行う。このような手続きにより、塑性変形の解析を継続する。

仮の塑性ひずみ増分 γ^p の値としては変態時における固有変態ひずみ γ^* の値を参考として

$$\gamma^p = \gamma^* / 1000 \tag{4-121}$$

とした。ここで分母に現れる数 1000 は変態解析においては 1 個の結晶粒を 1000 個の部分要素に分けていることを考慮し、塑性ひずみ解析における結晶粒あたりの塑性ひずみ増分の量と変態解析における変態ひずみ増分の量と同等になるように設定した。

4.3.1.5 分解せん断応力で表した降伏応力と軸応力で表した降伏応力の関係

分解せん断応力で表した降伏応力 τ_y と単軸引張り応力負荷時に得られる軸応力で表した降伏応力 σ_y の関係を調べるため $6\times1\times6$ モデル（式（4-90）参照）を用いて単軸引張り応力下の応力ひずみ曲線の例を**図 4-26** に示す。ただし、加工硬化はないとした。したがって、この場合、式（4-120）より

$$\tau_y(ig) = \tau^p \tag{4-122}$$

となる。

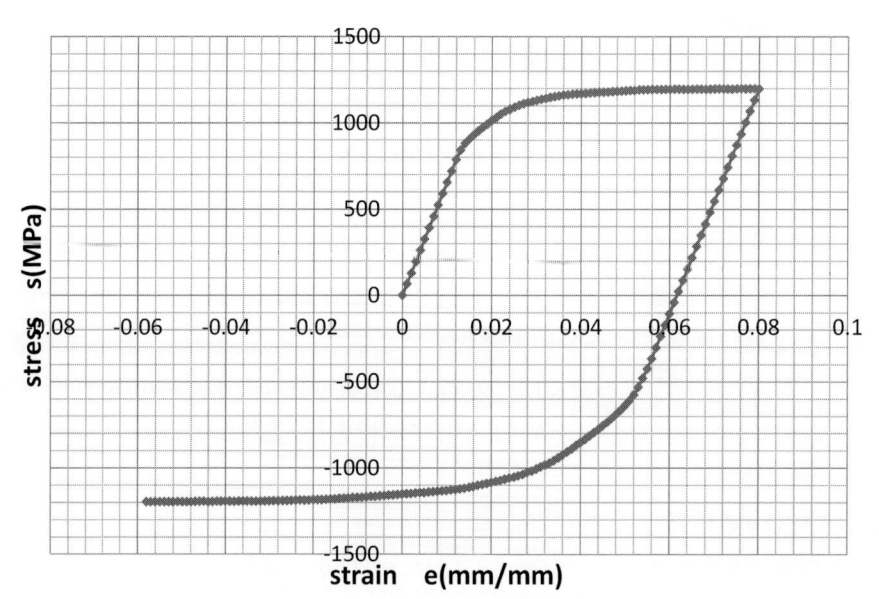

図 **4-26** 単軸引張り・圧縮における弾塑性応力−ひずみ曲線

計算に用いた τ^p と計算から得られた σ_y の値を比較し

$$\tau^p = 0.3317\sigma_y \tag{4-123}$$

の関係が成り立つことがわかった。したがって単軸引張り試験で σ_y の値が得られる場合は、式（4-123）に示される τ^p を用いて応力−ひずみ曲線を計算すれば、計算された応力−ひずみ曲線における σ_y の値は実験値と整合することになる。

4.3.2　例題解析
4.3.2.1　弾塑性応力−ひずみ挙動の計算
図 4-26 に示した応力−ひずみ曲線は

$$\sigma_y = 1200 MPa \tag{4-124}$$

を式（4-123）に代入して得られ τ^p を用いて計算されたものである。図に示すように τ^p を与えて計算された応力−ひずみ曲線は式（4-124）の関係を満たすことがわかる。

図 4-27 に単軸応力状態における引張り・圧縮繰返し応力−ひずみ曲線を示す。計算は H' $= 0MPa$、および、式（4-123）および式（4-124）から計算される τ^p の値を用いて、3 サイクルの計算を行った。図より明らかなように、多数のすべり方位の存在により弾性および塑性の遷移領域における非線形加工硬化が記述されており、繰返し負荷に対しては、飽和挙動を有する非線形移動硬化特性を示す弾塑性応力−ひずみ曲線が得られる。2 サイクル以降は定常ヒステリシスループが得られることがわかり、計算は 3 サイクルで打ち切った。

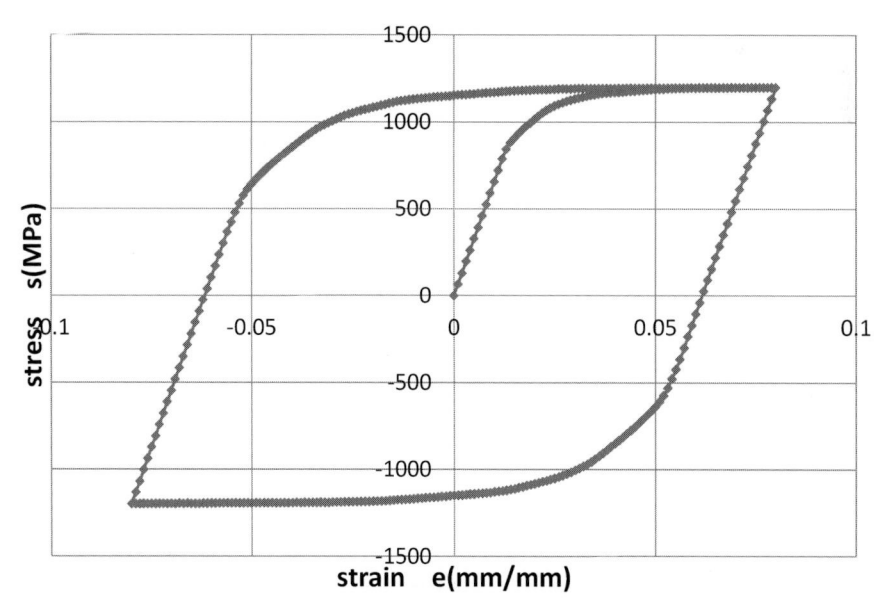

図 4-27　弾塑性繰返し応力−ひずみ曲線（3 サイクル）

これらの計算結果から、塑性変形に対する材料応答は、形状記憶合金の変態挙動解析に用いたアコモデーションモデルを用い、変態システムにおける変態変形の代わりにスリップシステムにおけるすべり変形を考慮することにより問題なく計算でき、アコモデーションモデルが材料の弾塑性問題にも適用可能あることがわかる。

4.3.2.2　変態終了後に塑性変形の起きる挙動のシミュレーション

　形状記憶合金に引張り応力を負荷したとき、応力がある限度を超すと変態挙動が始まる。応力を増加させ変態が完了した後もさらに応力を増加させていくとやがて塑性変形が開始する。このような負荷条件に対して実験的に得られる応力−ひずみ曲線を模式的に図4-28[19]に示す。領域Ⅰはオーステナイトあるいはマルテンサイトの弾性域を、領域Ⅱは応力誘起マルテンサイト変態あるいはマルテンサイト再配列を、領域Ⅲは変態終了後のマルテンサイト弾性域を、領域Ⅳは塑性変形領域を表す。

　このような材料の挙動を得るためには4.2で示した変態挙動の解析および4.3に示した弾塑性変形挙動の解析を同時に行う必要がある。変態挙動および弾塑性挙動の解析は、適切な材料パラメータ値を用いることにより、いずれも、アコモデーショモデルによって行うことができる。解析においては、表4-1に示す変態システムにおける変態の評価と表4-4に示すスリップシステムにおけるすべりの評価を同時に行う必要がある。以下に、単軸応力状態において、変態完了後に塑性変形の起きるまで引張り負荷を与えた場合のシミュレーション結果について述べる。

　シミュレーション対象材料をTi-50.39at%Ni、温度350Kとし、変態に関する材料定数は4.2.2.8に示されるものを用いる。塑性に関しては4.3.1の取り扱いを行うが、変態後の塑性変形を記述するため降伏応力の値を設定する必要がある。Ti-Ni形状記憶合金の降伏応力

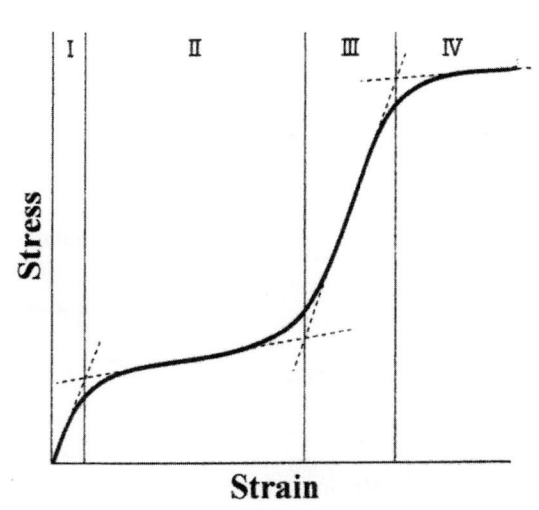

図 4-28　変態変形終了後の塑性変形（実験結果の模式図）[19]

に対してはオーステナイト相で約 $700MPa$、マルテンサイト相で約 $1200MPa$ との報告がある[3)20)]。図 4-28 は変態終了後も引き続き応力を増加し続けたときに生じる塑性変形に対して、実験から得られた応力-ひずみ曲線の模式図であるが、このケースにおける塑性変形のシミュレーションにあたってはマルテンサイト相に対する降伏応力の値

$$\sigma_y = 1200MPa \qquad (4\text{-}125)$$

を用いることとする。式（4-125）の値は、実験から得られた応力-ひずみ曲線のマクロな挙動から求めた軸応力の値であるから、アコモデーションモデルに用いるためにはスリップシステムの分解せん断応力で表した降伏応力（これを τ^p とする）を用いる必要がある。この値は式（4-123）を用いて

$$\tau^p = 0.3317\sigma_y = 398.0MPa \qquad (4\text{-}126)$$

で与えられる。

　これらの値を用いて、変態ひずみと塑性ひずみが生じる場合の単軸応力-ひずみ挙動を計算した。その際、各結晶粒は 1000 個のサブエレメントに分割して計算した。また、変態ひずみと塑性ひずみの和を非弾性ひずみと定義した。非弾性ひずみを 4.2 のアコモデーションモデルにおける変態ひずみあるいは 4.3 のアコモデーションモデルにおける塑性ひずみと同様な扱いをすることにより変態と塑性が同時に生じる場合の応答計算が可能となる。

　具体的には、各結晶粒における非弾性ひずみの平均値を求め、全ひずみから差し引いて弾性ひずみを求め、弾性係数を乗じることにより各結晶粒の応力を求める。母相およびマルテンサイト相の弾性係数の違いはここで考慮される。

　なお、計算にあたっては加工硬化係数 H' を

$$H' = 0MPa \qquad (4\text{-}127)$$

とし、塑性ひずみ増分を

$$\gamma^p = \gamma^* / 10 \qquad (4\text{-}128)$$

とした。ここに、γ^* は変態固有ひずみである。

　ここでは塑性変形の計算に対しても、結晶粒を複数のサブエレメントに分割しているが、塑性変形の計算にあたっては、結晶粒内をサブエレメントに分割する必要はない。なぜなら、結晶粒の応力はサブエレメントで共通であり、降伏応力も各サブエレメントで共通であるからである。したがって、計算時間節約のためには、塑性変形の評価に対して、結晶粒のサブエレメント分割をしないことが推奨される。

　得られた応力-ひずみ挙動を**図 4-29** に示す。その際のマルテンサイト体積分率の変化を

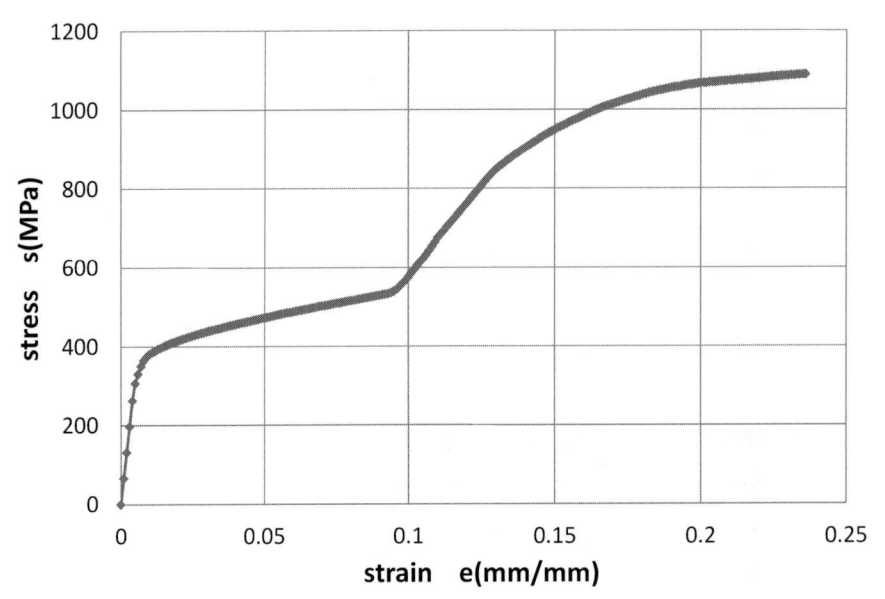

図 **4-29** 変態変形終了後の塑性変形（計算値）

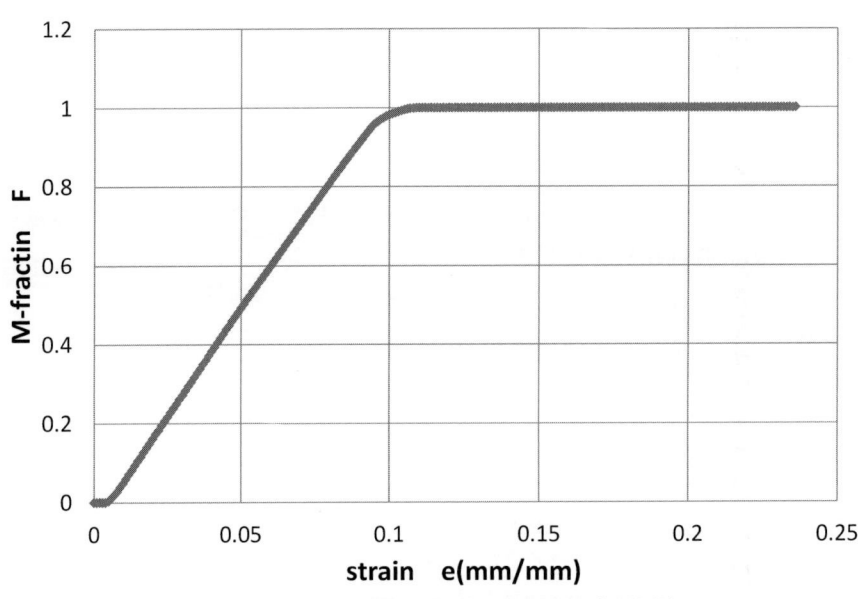

図 **4-30** マルテンサイト体積分率の変化（計算値）

図 **4-30** に示す。図 4-29 の結果は図 4-28 に示す実験結果（模式図）を問題なくシミュレートしているようにみえる。

　図 4-29 よりわかるように、応力−ひずみ曲線において、変態領域における応力より塑性領域における応力が大きいが、それは計算に用いた材料定数

　　　変態応力　$\tau_s = 132 \sim 171MPa$

　　降伏応力　$\tau_y = 398MPa$

に対応している。

　また、図 4-30 より、マルテンサイト体積分率はひずみ $\varepsilon = 0.11$ 程度で 1 に達し、完全マルテンサイトとなり、塑性変形はマルテンサイト領域において生じていることがわかる。

　しかし、塑性変形に対する上記の計算手法には問題ないわけではない。すなわち、計算に用いたスリップシステムは ｛110｝−〈111〉で、体心立方晶のすべり変形に対するものであり、マルテンサイト変態完了後に結晶は単斜晶になっていて、対称性が低いため塑性変形の主メカニズムが双晶になり[3]、そのため降伏応力がオーステナイトに対するものより高くなることを考えると、計算に用いた塑性変形の変形メカニズムは実際とは不整合があるのに注意する必要がある。

　しかし、形状記憶合金を実用に供する際に重要なのは図 4-29 に示したような塑性変形が変態の完了したのちに生じるような場合ではなく、塑性変形と変態変形が同一レベルの大きさの応力下で同時に生じるような場合である。繰返し変形時における形状記憶合金の変態挙動の劣化現象はこの塑性変形が変態挙動に影響を与えることが原因であり、形状記憶合金を繰返し負荷の下で使用するときこれが重要な影響を与えることが指摘されている[20]。このような変態と塑性の相互作用が生じる原因は、結晶粒界や変態境界における局所応力集中により局所的な塑性変形が生じることである。局所応力集中の影響をアコモデーションモデルに組み込むことについては 4.4 で検討することにする。

　変態境界などにおける局所応力集中の効果を考慮せず、一様塑性ひずみが生じる場合を扱う場合については、ここで述べたような計算手法により、変態挙動および変態後の塑性変形挙動を、少なくとも現象論的には、シミュレートすることが可能であるので、用いるスリップシステムの不整合についてはこれ以上検討しないことにする。

4.4　変態・塑性相互作用

4.4.1　形状記憶合金の応力‐ひずみ挙動に現れる変態・塑性相互作用

　4.3.2.2 では変態終了後に塑性変形の起きる場合の応力‐ひずみ挙動のシミュレーション結果を示した。すべりの生じる限界値である降伏応力の値が変態応力の値より大きいため、変態変形完了後さらに負荷を増大させるとき塑性変形が生じるという結果を表しているのであるが、実際には、後述するメカニズムにより、変態が生じることにより塑性変形が誘発され、変態変形と塑性変形が同時に生じる場合がある。その場合、生じた塑性ひずみにより形状記憶合金の変態特性が変化する。形状記憶合金は繰返しの負荷の下で用いられることが多いが、繰返し負荷の下で累積する塑性ひずみにより、繰返し回数とともに変態特性が変化してしまうのは実用上好ましくない。したがって、形状記憶合金の実機使用のためには、変態特性の変化の程度をあらかじめ評価しておくことが重要となる。

　上記のように、形状記憶合金は、変態が生じることに誘発された塑性変形が生じ（変態

誘起塑性）、その塑性ひずみにより変態特性が変化する特性がある。このような変態と塑性が相互に影響し合うことを変態・塑性相互作用と呼んでいる。

　形状記憶合金の応力–ひずみ挙動に及ぼす変態・塑性相互作用の例を**図 4-31**[20] に示す。図は母相状態にある Ti-Ni 形状記憶合金に対して行われた繰返し引張り・除荷試験において得られた応力–ひずみ挙動を表す。図より明らかなように繰返し回数が増加するにつれて応力ひずみ曲線の形状は変化し、応力ゼロにおける残留ひずみは次第に増加する。このような残留ひずみの増加挙動は変態ラチェット[21] と呼ばれる。

　繰返し負荷に対する塑性と変態の相互作用の効果として宮崎ら[22]は次を挙げている。

(1) 残留ひずみが増大する。残留ひずみの増大は繰返しに伴い飽和傾向にある。

(2) マルテンサイト変態応力が減少する。

(3) ヒステリシスループが小さくなる。

さらに、そのような現象が起きる原因として、次を挙げている。

(1) 変態が生じる際に結晶粒界近傍におけるコンパティビリティを満足させるためスリップ変形が生じる。

(2) スリップ変形により応力誘起変態をアシストする残留応力場を生じ、そのため見かけの変態応力が小さくなる。残留応力場は負荷応力場と同種のものであり、したがってマルテンサイト形成をアシストする。

(3) 粒界近傍の残留応力場により残留マルテンサイトが生じる。

(4) 残留応力場は勾配をもち、繰返しによって次第に発達するので、その影響で次第にヒステリシスループが小さくなる。

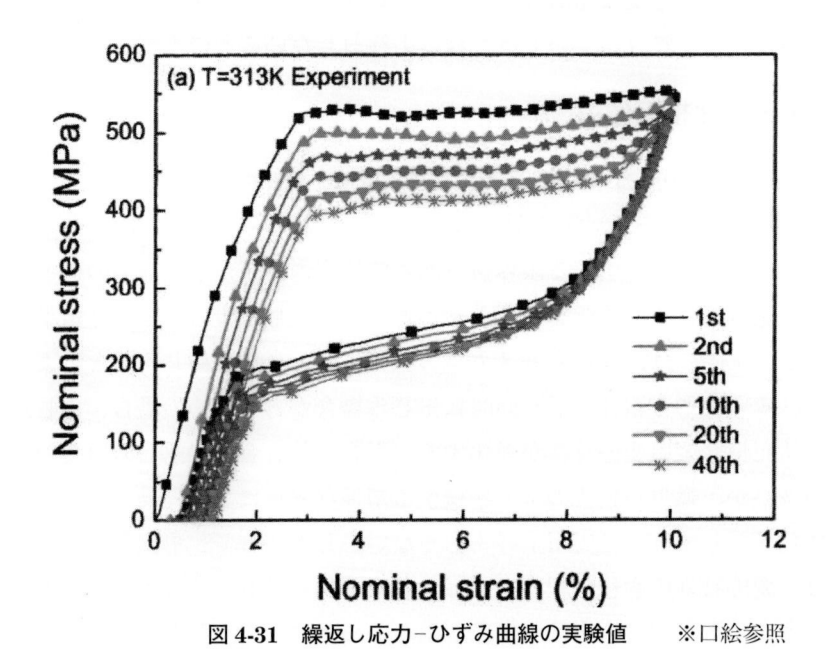

図 4-31　繰返し応力–ひずみ曲線の実験値　　※口絵参照

4.4.2　変態・塑性相互作用のメカニズム

形状記憶合金に負荷を塑性変形を生じさせると、4.3.2.1 および 4.3.2.2 に述べたような、通常の金属の一様応力場における塑性変形と同様なメカニズムで塑性変形が生じる以外に、変態が生じることにより形成される局所応力場の作用によって塑性変形が生じることがある（変態誘起塑性）。このような場合、降伏応力よりはるかに小さい見かけの応力で塑性変形が生じ、したがって、変態と塑性が同時に発生することになる。変態ひずみおよび塑性ひずみは材料内部の応力状態に変化を引き起こし、それがその後の変態挙動および塑性挙動に影響を与える。そのような変態と塑性の相互作用のことを変態・塑性相互作用と呼ぶ。

Yu ら[20)23)]は、変態誘起塑性のメカニズムとして、変態が生じたことにより誘起された局所応力集中部における塑性変形を考察している。すなわち、一様な応力場において、ある一部分が変態を生じると、変態を生じた部分と生じていない部分の境界（オーステナイト相とマルテンサイト相の境界：A-M 境界）にひずみの不連続が生じ、不連続部の近傍において局所的な高応力が生じる。そして、局所高応力部のオーステナイト側の領域において塑性変形が生じる。このとき、オーステナイト領域で塑性変形が生じるのはオーステナイトの降伏応力がマルテンサイトのそれより小さいためである。塑性変形により生じた転位は、変態の進展に伴い拡大するマルテンサイト領域に取り込まれる。A-M 境界における局所高応力場は、A-M 境界が通り過ぎることにより解消され、塑性ひずみの生成が止まり、新たな A-M 境界において新たな局所高応力部が形成され、新たな塑性ひずみが発生する。したがって、A-M 境界に発生する塑性ひずみの量は限定的なものである。また、上記の変態誘起塑性は逆変態においても同様なメカニズムで生じるとしている。このように変態誘起による塑性変形は、一様応力場における 一般的な塑性変形の発生・進展とは異なる特性をもつ。

単結晶 Ti-Ni 形状記憶合金に対して上記メカニズムを模式的に図 4-32 に示す。図 4-32 は文献 23）に示された原図を若干簡略化して示したものある。図 4-32 において、応力－ひずみ曲線のa点を過ぎるとマルテンサイト変態が開始し、b 点、c 点と変形が進むにつれ、マルテンサイトバリアントの数が増大していく様子を示す。マルテンサイトバリアントは24通りのものが可能であるが、図では簡単のため2つのバリアントのみ示している。図に示すように、オーステナイト相とマルテンサイト相の境界の高応力部のオーステナイト領域に転位が発生し、塑性変形が生じる。これが変態誘起塑性のメカニズムである。点 d においては変態が完了し、試料全体がマルテンサイトになり、生じた転位はマルテンサイトに取り込まれている。除荷時においては逆変態が生じ、そのとき、やはり、マルテンサイトとオーステナイトの境界に高応力部が発生し、転位が形成される。点 e においては、残留マルテンサイトを考慮しなければ、試料全体がオーステナイトとなるが、それまでに発生した転位はそのまま残り、それに対応する残留マルテンサイトが生じている。したがって、

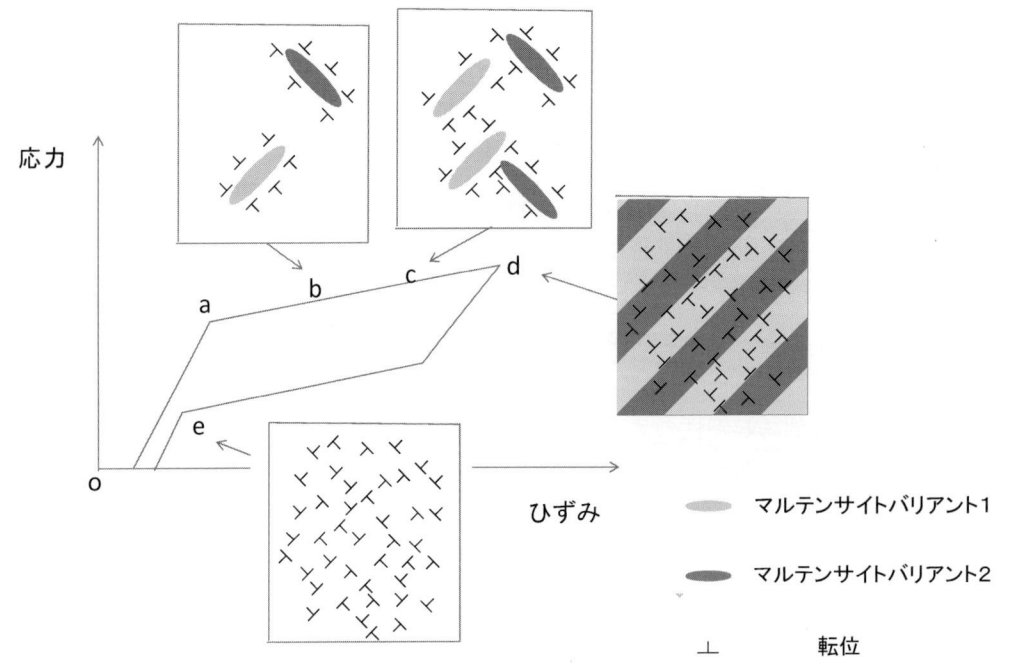

図 4-32　オーステナイトとマルテンサイト境界の高応力部と転位の形成

マルテンサイトバリアント1

マルテンサイトバリアント2

⊥　転位

この状態から再負荷する場合に得られる応力−ひずみ曲線は初期のものと異なることになる。

　このようにして変態誘起塑性が生じること、および、塑性ひずみによる残留応力と変態ひずみによる残留応力が試料内部で相互作用することが変態・塑性相互作用のメカニズムである。塑性ひずみは変態ひずみと異なり、回復しないという特性をもち、塑性ひずみの生じるスリップシステムと変態ひずみの生じる変態システムが異なるため、材料内部において変態、逆変態、再配列およびすべりが複雑に絡み合って生じる。

4.4.3　変態・塑性相互作用を考慮したアコモデーションモデル

4.4.3.1　概要

　4.4.2 で述べたように変態・塑性相互作用を考慮するためには、変態誘起塑性の生じるメカニズムと、変態ひずみの作る残留応力場と塑性ひずみの作る残留応力場の相互作用を考慮する必要がある。変態ひずみの作る残留応力場と塑性ひずみ作る残留応力場の相互作用については変態システムとスリップシステムを適切に選ぶことによりアコモデーションモデルによって評価できるものと考えられるので、ここでは変態誘起塑性の生じるメカニズムをアコモデーションモデルのなかに考慮する方法について述べる。

　そもそもアコモデーションモデルは図 4-4（b）に模式的に示すように、結晶方位の異なる多結晶からなる代表体積要素（RVE）の平均的な挙動を記述することを目的として開発

されたモデルであり、RVE 内部における局所応力集中を記述するようなモデルではない。したがって、アコモデーションモデルのなかで、図 4-32 に示されるような局所応力集中による塑性変形の物理的挙動を直接記述することはできず、局所応力集中の効果を現象論的かつ近似的に取り入れるような特別の工夫を導入する必要がある。

　変態挙動を記述する基本的なアコモデーションモデルの構造を図 4-4（b）に示す。**図4-33** は図 4-4（b）に示されるアコモデーションモデル中からの単一の結晶粒の構造を取り出し、局所応力集中の効果により塑性変形が生じる場合の模式図である。図 4-33 において n は n 番目の部分要素を表し、各部分要素において中心に描いた×印で表した変態システムにより変態ひずみが生じ、変態により発生する応力集中の影響で変態域のまわりにすべり変形が生じる様子を転位マークで表してある。

　第 n 番目の部分要素が変態を生じるとき、第 n 番目の部分要素が随伴する局所応力集中領域が活性化し、他の部分要素の随伴する局所応力集中領域は活性化しない。図 4-33 から明らかなように、アコモデーションモデルにおいては各部分要素の応力の大きさは等しくなるので、活性化した部分要素の状態を応力の大きさで表現できない。その代わりとして活性化した部分要素においては降伏応力が減少し、それにより塑性ひずみが発生するという扱いをする。

　また、A-M 境界が移動することにより、速やかに応力集中効果が減少することを表すため、塑性ひずみ増分が生じた部分要素においては速やかに応力集中効果が減少するとし、

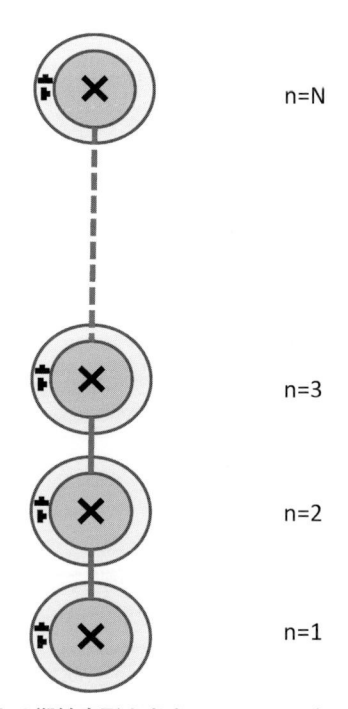

n=N

n=3

n=2

n=1

図 4-33　局所応力集中による塑性変形を考慮したアコモデーションモデル（単一結晶粒）

そのため、かなり大きな加工硬化係数を導入し、塑性ひずみ増分が生じると加工硬化により降伏応力値が増加するという扱いをする。また、繰返し変形に対し、変態・塑性相互作用の飽和挙動を記述するため、局所応力集中効果を表すための降伏応力減少に対し上記とは別種の加工硬化挙動を考え降伏応力減少量が緩和する様子を表す。

ここで注意することは、前記においては、第 n 番目の部分要素が随伴する局所応力集中領域が活性化することによる塑性ひずみを評価するとしているが、アコモデーションモデルにおいては、各部分要素応力はすべて等しく、さらに非弾性ひずみは結晶粒内で平均化して扱うことになっているので、塑性ひずみの計算においてそれを部分要素ごとに計算する必要がないということである。単に、部分要素に随伴する局所応力集中領域の塑性ひずみを局所応力集中領域の体積を考慮して結晶粒における平均塑性ひずみに換算することだけが要求される。局所応力集中領域の体積の結晶粒の体積に対する体積分率を、部分要素のそれと同じと仮定すれば、局所応力集中領域に対して計算した塑性ひずみに部分要素の体積分率 f を乗じることで結晶粒の塑性ひずみが計算できる。

また、計算のための塑性ひずみ増分は任意に与えることができるが、実際の塑性ひずみの値は全体的なアコモデーション挙動で決まってくるため、与える塑性ひずみ増分は小さければ小さいほど計算結果は正確になる。とくに、今回の計算においては、加工硬化係数をかなり大きくとる必要があるので、それに対応して塑性ひずみ増分は小さくとることが必要である。計算時間も考慮し、試計算により適切な値を選定する必要がある。

4.4.3.2 降伏応力の設定

上記の方針に従い次のような 2 種類の降伏応力を設定する。ただし、降伏応力の温度依存性は変態応力に比べて小さいと考えられるので、ここでは、温度依存性を無視する。

一様応力場の塑性変形に対する降伏応力　　　τ_y^0

局所応力集中の効果を考慮した降伏応力　　　τ_y^c

降伏応力は結晶粒 ig において変形挙動の各状態ごとに次のように与えられる。

（1）初期状態

$$\tau_y(ig) = \tau_y^0 \tag{4-129}$$

（2）変態発生時および逆変態発生時

$$\tau_y(ig) = \tau_y^c + H_1' \varepsilon_{eq}^p(ig) \tag{4-130}$$

> H_1'：第 2 加工硬化係数。結晶粒の塑性ひずみに対する加工硬化係数。
> τ_y^c の効果を緩和し、塑性ひずみ累積の飽和傾向を表す。
> $\varepsilon_{eq}^p(ig)$：結晶粒 ig の累積相当塑性ひずみ

（3）マルテンサイト再配列時

　　何も起こらない（前の降伏応力値を引き継ぐ）と仮定する。

（4）塑性ひずみ増分の生じるとき

$$\tau_y(ig) = \tau_y(ig)_{-1} + H' d\varepsilon^p_{eq,c}(ig) \tag{4-131}$$

　　　$\tau_y(ig)_{-1}$：1 ステップ前の降伏応力

　　　H'：部分要素 n の塑性ひずみに対する加工硬化指数塑性ひずみ増分により
　　　　　局所応力集中が急速に緩和されることを表すため、H' の値はかなり大
　　　　　きく設定する。

　　　$d\varepsilon^p_{eq,c}(ig)$：結晶粒 ig における局所応力集中部の相当ひずみ増分

4.4.3.3　降伏条件およびスリップシステム

　結晶粒 ig のスリップシステムにおける分解せん断応力 $\tau(ig, m')$ が次の降伏条件式を満足するとき、すべり変形が生じるとする。

$$\tau(ig, m') = \tau_y(ig) \tag{4-132}$$

　　　m'：スリップシステム

　すべりはオーステナイト相で生じるとし、**4.3.1.2** の考察を参考にして、スリップシステムを ｛110｝-(111) に限定する。

4.4.3.4　塑性ひずみ増分

　アコモデーションモデルにおいては一回の負荷増分における塑性ひずみ増分の大きさはアコモデーション挙動により決定される。すなわち、とりあえず小さめの値を設定し、その負荷増分においてさらに塑性変形が生じる条件が満足されれば、与えた塑性ひずみ増分が過少であったとしてその負荷増分中に再度塑性ひずみ増分を与える。このような計算を繰返し、与えられた塑性ひずみ増分により応力再配分が生じ、降伏条件を満足する部分要素が存在しなくなればその負荷増分における塑性変形が終了したとして次の負荷増分に移行する。

　このような取り扱いをするとき、与える塑性ひずみの増分量が大きすぎると計算誤差が生じることがあるが、小さければ、計算回数が増加するだけで精度には問題ない。

　局所応力数中部の塑性ひずみ増分を γ^p_c とし、

$$\gamma^p_c = \gamma^* / 50 \tag{4-133}$$

と与えた。ここで、γ^* は変態固有ひずみである。局所応力集中部のひずみの生じる体積を、

部分要素の体積と等しいと置き、部分要素の結晶粒に対する体積分率を f とすれば、γ_c^p の
ひずみによる結晶粒の平均塑性ひずみ増分 γ^p は

$$\gamma^p = f\gamma_c^p \tag{4-134}$$

となる。部分要素は結晶粒を 1000 等分したものであるとすれば

$$f = 1/1000 \tag{4-135}$$

が得られる。

　また、相当塑性ひずみ増分（ミーゼス型）は次のように与えられる。

$$d\varepsilon_{eq}^p(ig) = \frac{1}{\sqrt{3}}\gamma^p \tag{4-136}$$

$$d\varepsilon_{eq,c}^p(ig) = \frac{1}{\sqrt{3}}\gamma_c^p \tag{4-137}$$

　以上のように、塑性変形に対しては局所応力集中による効果を考慮するのに対して、変
態に対する局所応力集中の効果を考慮していないのは、塑性はすべり面に生じるすべりに
よるものであり、変態に比べ局所に限定された領域での変形が可能であると考えられるに
対して、変態が生じる際にはある一定の領域の協調的な変形が必要であるからである。

4.4.3.5　必要な材料定数
　塑性変形に関する材料定数を以下に示す。ただし、塑性挙動に対する温度の影響は無視
する。
(1)　初期降伏応力：τ_y^0
(2)　局所応力の効果を表現するための降伏応力：τ_y^c
(3)　加工硬化係数：H'
(4)　塑性ひずみ累積の飽和傾向を表すための第 2 加工硬化係数：H_1'

4.4.3.6　応力の計算
　上記のように与えた降伏応力を用い、各結結晶粒の各すべり面ごとに塑性変形の発生の
可能性を評価し、塑性変形が発生する場合は、塑性ひずみ増分を与える。
　非弾性ひずみ（変態ひずみ＋塑性ひずみ）を粒内で平均し、全ひずみからそれを差し引
き、弾性ひずみを求め、結晶粒の応力を計算する。結晶粒内の部分要素の応力はすべて等
しいものとする。

4.4.4　例題解析

4.4.4.1　繰返し引張り・除荷試験における応力-ひずみ挙動

　ここでは 4.4.3 に述べた変態・塑性相互作用を考慮したアコモデーションモデルの解析例として繰返し引張り・除荷試験における応力-ひずみ挙動の解析結果について述べる。対象とする材料は Ti-50.39at% Ni を想定し、$T = 350K$ の温度にて、単軸応力状態で $\varepsilon_{max} = 0.1$ の条件で繰返し引張り・除荷を受けるときの応力-ひずみ挙動を計算した。繰返し回数は $N_{cycle} = 5$ とした。

　変態変形の解析に必要な材料定数は 4.2.2.8 に示されたものを用い、変態・塑性相互作用の解析に用いるための材料定数は以下のように与えた。

（1）初期降伏応力：τ_y^0

　この値としてマルテンサイト相の降伏応力を用いた。すなわち、式（4-126）で示した値をそのまま用い、

$$\tau_y^0 = 398.0 MPa \tag{4-138}$$

とした。初期降伏応力の値は変態変形が終了し、一様応力の下で、一般的な塑性変形が生じるときに参照される値で、変態と塑性が同時に生じて、変態・塑性相互作用が問題になるときには参照されないので、ここでは、あまり重要な意味をもたない。

（2）局所応力の強さを表現するための降伏応力：τ_y^c

　この値は、小さいほど局所応力集中が大きく、塑性ひずみが大きく計算される。計算結果と実験結果の全体的な傾向が合致するように試行錯誤にて、

$$\tau_y^c = 200 MPa \tag{4-139}$$

とした。

（3）加工硬化係数：H'

　局所応力集中効果を表現するために式（4-139）に示す小さな降伏応力値を設定して塑性変形が応力集中部位で生じることを表現するが、局所応力集中は変態フロントが通り過ぎると解消される。この効果を表すために塑性ひずみが生じると速やかに降伏応力が上昇する（降伏応力が上昇することは応力集中が解消されることに対応する）ように設定した。そのため、加工硬化係数 H' の値に対し大きな値を設定する。

　ここでは、加工硬化係数の 1 つの指標として

$$H_0' = \frac{\tau_y^0}{\gamma^*} = 2457 MPa \tag{4-140}$$

を導入して、H' の値を

$$H' = 4H_0'$$ (4-141)

とした。この値は計算結果と実験結果の全体的な傾向が合致するように試行錯誤にて決定した。

(4) 塑性ひずみ累積の飽和傾向を表すための第2加工硬化係数：H_1'

繰返し負荷による残留ひずみの増加は繰返しとともに飽和傾向にある。これを表すため式 (4-130) に示すように累積塑性ひずみが増加するにつれ局所応力集中を表す降伏応力が増大するように設定した（降伏応力が小さいほど局所応力集中の度合いが大きく、塑性変形が生じやすい）。

ここでは第2加工硬化係数 H_1' の値として、計算結果における塑性ひずみ累積の飽和傾向が実験と合致するように

$$H_1' = 2H_0'$$ (4-142)

とした。

(5) 計算結果

上記材料定数を用いてアコモデーションモデルで計算した繰返し負荷に対する応力−ひずみ挙動を**図 4-34** に示す。対応する負荷条件での実験結果の一例を図 4-31[20] に示す。計算

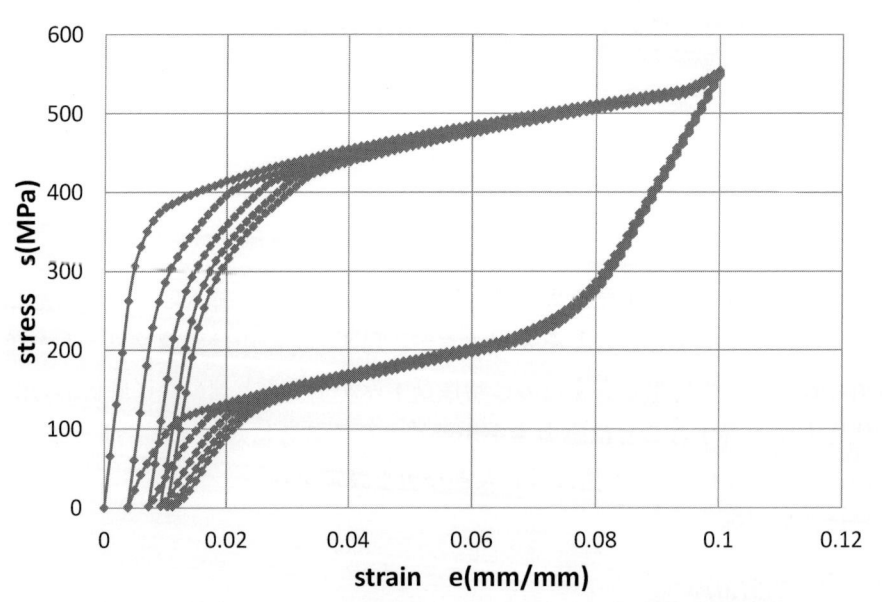

図 4-34　繰返し引張り・除荷試験における応力−ひずみ線図（計算値）

された繰返し応力-ひずみ挙動は実験結果の全般的な傾向と一致する。しかし、実験に用いられた材料は Ti-55.9mas％ Ni であり、計算の対象の材料とは同じ Ti-Ni ではあるが厳密には材料組成が異なる。また、温度条件も実験と計算では異なる。したがって、図 4-31 と図 4-34 の比較は定性的なものにならざるを得ないこと、および、計算に用いた材料パラメータ値の精度に関する厳密な検討は行われていないことに注意する必要がある。

　また、図 4-35 はマルテンサイト体積分率の変化の計算値を示したものである。除荷時のマルテンサイト体積分率（残留マルテンサイト体積分率）はサイクルごとに増加していくのがわかる。残留マルテンサイト体積分率のサイクルごとの変化を表 4-5 に示す。残留マルテンサイト体積分率の増加率は第 1 サイクルを除いてサイクルごとに減少する。また、応力サイクルの高応力領域におけるマルテンサイト体積分率の飽和値はサイクルごとに減少することがわかる。

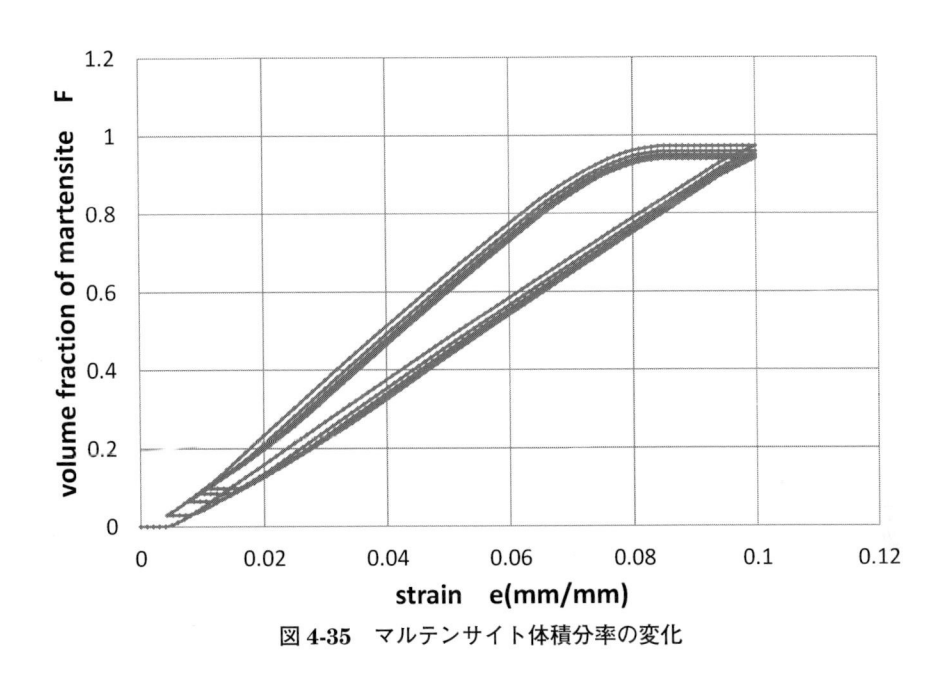

図 4-35　マルテンサイト体積分率の変化

表 4-5　残留マルテンサイトの変化（繰返し引張り・除荷サイクル）

サイクル N	残留マルテンサイト体積分率 F
1	0.0290
2	0.0641
3	0.0836
4	0.0967
5	0.1070

4.4.4.2 負荷・除荷、加熱・冷却サイクルにおける繰返し応力‐ひずみ挙動（1）

(1) まえがき

　形状記憶合金の熱・力学的特性を評価するため各種負荷パターンの実験が提案されている。ここでの計算の対象は**図 4-36**（b）に示す負荷パターンである。計算モデルは変態境界における局所応力集中による変態・塑性相互作用を考慮したアコモデーションモデルを用いる。

(2) 材料定数

　変態に関しては**4.2.2.8**に示したものを用いる。塑性変形に関しては局所応力集中を考慮することとし、**4.4.3**を参照して、$\tau_y^c = 200MPa$、$H' = 5H_0'$、$H_1' = 2H_0'$ を用いることとする。

(3) 負荷条件

　負荷条件は以下のよう設定した。

0) まず、変態開始温度 M_s 以上の温度 $T = 284K$ において、応力ゼロおよびひずみゼロの状態にある材料を考え、ひずみゼロを保ちながら変態終了温度 M_f 以下の温度 $T = T_{min}$ に冷却して温度誘起変態を生じさせる。その後、

1) 温度 $T = T_{min}$ を保ちながらひずみ制御にて $\varepsilon = 0 \rightarrow \varepsilon_{max}$ の単軸引張り負荷をかける。

2) さらに、ひずみ $\varepsilon = \varepsilon_{max}$ の条件において、$T = T_{min} \rightarrow T_{max}$ の温度負荷を与える。

3) 温度 $T = T_{max}$ を保ちながら、$\varepsilon = \varepsilon_{max} \rightarrow \sigma = 0MPa$ の除荷を行う。

4) 応力ゼロを保ちながら、$T = T_{max} \rightarrow T_{min}$ の冷却を行う。

　さらに、上記 1) 〜 4) までを 1 サイクルとして N サイクルの負荷を行う。

(4) 計算結果

　$T_{min} = 260K$、$T_{max} = 400K$、$\varepsilon_{max} = 0.06$、および、繰返し数 $N = 5$、とした場合について計算を行った。このときの負荷パターンを**表 4-6** に示す。

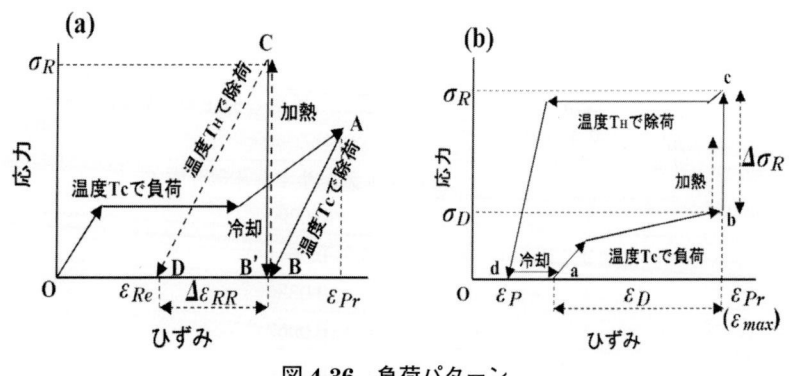

図 4-36　負荷パターン

図 4-37 に計算から得られた応力とひずみの関係を、**図** 4-38 に応力と温度の関係を示す。

$T = 260K$ においてひずみを負荷すると、ひずみゼロの温度誘起マルテンサイト変態の状態から、負荷の方向にマルテンサイト変態（応力誘起変態）が再配列し、負荷ひずみが増大するにつれ、応力誘起変態の割合が増加し、応力が増大する。その応力は $\varepsilon_{max} = 0.06$ において最大値 σ_D（図 4-35（b）参照）をとるが、その最大応力 σ_D は繰返しに伴いサイクルごとに減少してゆく。これはサイクル中に生じる塑性変形の影響によるものである。σ_D がサイクルごとに減少していく様子は図 4-37 の応力－ひずみ関係および図 4-38 の応力－温度関係に明瞭に現れている。また、今回の計算は5サイクルしか行っていないが、減少の量はサイクルごとに減少していく様子がみられ、σ のサイクルごとに減少する現象が飽和傾向にあることが見られる。これを**表** 4-7 にまとめて示す。

次に ε_{max} においてひずみを拘束し、温度を増大させていく。温度が上昇するにつれ、変態限界応力および逆変態限界応力が増大するので、変態面に生じている応力が逆変態限界

表 4-6　図 4-35（b）における負荷条件

負荷ステップ	制御	状態変化	一定値
0	温度	$T = 284K \rightarrow T = 260K$	$\varepsilon = 0.0$
1	ひずみ	$\varepsilon = 0 \rightarrow 0.06$	$T = 260K$
2	温度	$T = 260K \rightarrow T = 400K$	$\varepsilon = 0.06$
3	ひずみ（応力）	$\varepsilon = 0.06 \rightarrow 0$（$\sigma = 0MPa$）	$T = 400K$
4	温度	$T = 400K \rightarrow T = 260K$	$\sigma = 0MPa$

ステップ1～4までを1サイクルとして5サイクルの負荷を行う。

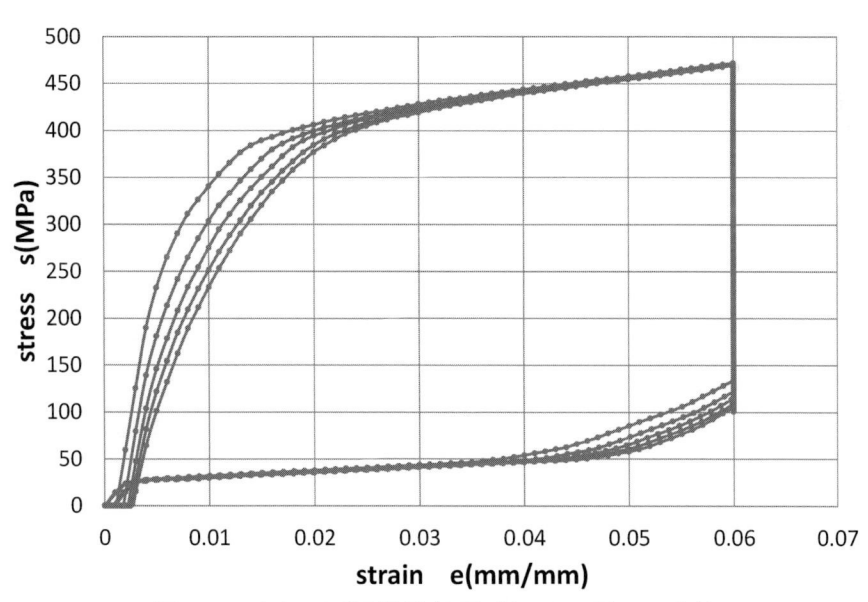

図 4-37　応力－ひずみ関係（負荷パターン：図 4-36（b））

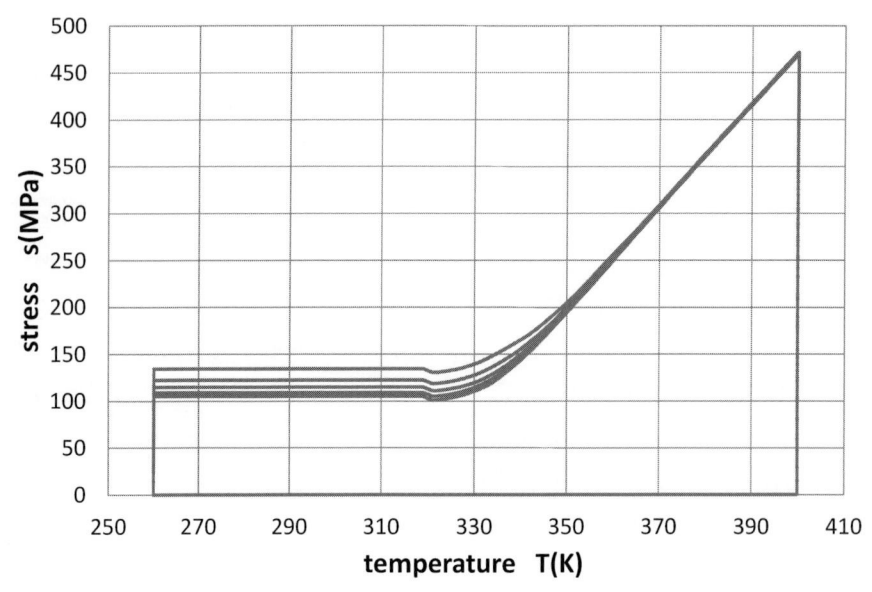

図 4-38　応力–温度関係（負荷パターン：図 4-36（b））

表 4-7　σ_D および σ_R のサイクルごとの変化（負荷サイクル：図 4-35（b））

サイクル N	σ_D (MPa)	σ_R (MPa)
1	134	472
2	122	471
3	115	471
4	109	470
5	105	470

応力以下になった変態面では逆変態が生じ、変態ひずみが減少する。このとき、全ひずみは拘束されているため、変態ひずみの減少に伴い、これを補償するための弾性ひずみが増加し、したがって応力が増大する。この応力がすべり発生限界を超えると塑性ひずみが生じ、さらに、すべり面と変態面の方位の違いによる内部応力により、マルテンサイト再配列が生じる。また、応力誘起マルテンサイトが逆変態すると同時に、そのときの内部応力の変化に伴い、温度誘起マルテンサイトの再配列も同時に生じる。温度誘起マルテンサイトの応力誘起マルテンサイトへの再配列に伴い、負荷方向の変態ひずみの増大し、これは応力を減少させる効果をもつ。しかし、シミュレーション結果によればマルテンサイト再配列により応力が減少する効果は、応力誘起マルテンサイトの逆変態により応力が増大する効果に比べて小さく、逆変態開始の初期にわずかにみられるにすぎない。逆変態開始時に応力が減少する効果は、図 4-38 において、逆変態開始温度 $T = 319K$ 近辺に示されてい

る。このように、ひずみ保持の下での温度増加の過程においては、逆変態、マルテンサイト再配列、および、塑性ひずみを伴う複雑に絡み合った現象が生じ、それに伴い応力の減少および増加が生じる。なお、計算モデルにおいては、すべり限界応力（降伏応力）の設定に、マルテンサイト変態領域とオーステナイト領域の境界における局所応力集中の効果を考慮している。

温度 $T_{max}=400K$ に達したときのこの過程における最大の応力を σ_R（図 4-35（b）参照）とすると、σ_R は σ_D と異なり、サイクルごとの減少はわずかであり、ほとんど変化しない。これを表 4-7 に示す。

また、ひずみ一定の条件のもと温度を増大すると応力が上昇し、その値が降伏応力を超えると塑性変形が生じるが、図 4-37 および図 4-38 に示した計算経過を調べると温度が $T=370K$ を超えるあたりから塑性変形が開始している。したがって $T_{max}<370K$ の負荷条件においては塑性変形は生じない。このとき塑性変形が生じないのでヒステリシスループはサイクルごとに変化せず、定常的なヒステリシスループが得られる。

このような検討から繰返し変形におけるヒステリシスループの変動が生じない、あるいは、少ない温度条件を選ぶことが可能となる。

さらに、図 4-37 には塑性変形の影響により、ヒステリシスループの除荷領域における応力が繰返しとともに減少する様子が示されている。それに伴い除荷時におけるひずみは繰返しとともに増加する。このひずみの値は応力ゼロ保持の冷却過程においてわずかに変化する。

実機条件においては、形状記憶合金は複雑な材料挙動をする可能性があるので、その挙動を予測するためには、上記のような材料挙動のシミュレーションが有用であると考えられる。

4.4.4.3　負荷・除荷、加熱・冷却サイクルにおける繰返し応力−ひずみ挙動（2）

（1）まえがき

形状記憶合金の熱・力学的特性を評価するため各種負荷パターンの実験が提案されている。ここでの計算の対象は図 4-35（a）に示す負荷パターンである。計算モデルは変態境界における局所応力集中による変態・塑性相互作用を考慮したアコモデーションモデルを用いる。

（2）材料定数

変態に関しては **4.2.2.8** に示したものを用いる。塑性変形に関しては局所応力集中を考慮することとし、**4.4.3** を参照して、参照、$\tau_y^c=200MPa$、$H'=5H_0'$、$H_1'=2H_0'$、を用いることとした。

(3) 負荷条件

負荷条件は以下のよう設定した。

0) まず、変態開始温度 M_s 以上の温度 $T = 284K$ において、応力ゼロおよびひずみゼロ
の状態にある材料を考え、ひずみゼロを保ちながら変態終了温度 M_f 以下の温度 $T =$
T_C に冷却して温度誘起変態を生じさせる。その後

1) 温度 $T = T_C$ を保ちながらひずみ制御にて $\varepsilon = 0 \rightarrow \varepsilon_{max} \ (= \varepsilon_{Pr})$ の単軸引張り負荷をか
ける。

2) 温度 $T = T_C$ を保ちながらひずみ制御にて $\varepsilon = \varepsilon_{max} \rightarrow \sigma = 0MPa$ の除荷を行う。$\sigma =$
$0MPa$ でのひずみを $\varepsilon = \varepsilon_B$ とする。

3) $\varepsilon = \varepsilon_B$ 一定の条件において、$T = T_C \rightarrow T_H$ の温度負荷を与える。

4) $\varepsilon = \varepsilon_B$ 一定の条件において、$T = T_H \rightarrow T_C$ の温度負荷を与える。

5) $\varepsilon = \varepsilon_B$ 一定の条件において、$T = T_C \rightarrow T_H$ の温度負荷を与える。

6) 4) $\leftrightarrow$ 5) を 1 サイクルとして N 回繰り返す。

7) 温度 $T = T_H$ を保ちながら、$\varepsilon = \varepsilon_B \rightarrow \sigma = 0MPa$ の除荷を行う。$\sigma = 0MPa$ でのひずみ
を $\varepsilon = \varepsilon_{Re}$ とする。

(4) 計算ケース

$\varepsilon_{max} = 0.06$ かつ $T_C = 260K$ および $T_H = 400K$ のケースについて $N = 0$ および $N = 5$ サイクル
の計算を行った。計算に用いた負荷条件を**表 4-8** に示す。

(5) 計算結果

温度繰返し数 $N = 0$ 対する計算結果を**図 4-39** および**図 4-40** に、温度繰返し数 $N = 5$ 対す
る計算結果を**図 4-41** および**図 4-42** に示す。図 4-39 は $N = 0$ とした場合の応力とひずみ関
係、図 4-40 はそのケースにおける応力と温度の関係である。図 4-41 は $N = 5$ とした場合の
応力とひずみ関係、図 4-42 はそのケースにおける応力と温度の関係である。

表 4-8　図 4-35 (a) における負荷条件

負荷ステップ	制御	状態変化	一定値
0	温度	$T = 284K \rightarrow T = 260K$	$\varepsilon = 0$
1	ひずみ	$\varepsilon = 0 \rightarrow 0.06$	$T = 260K$
2	ひずみ（応力）	$\varepsilon = 0.06 \rightarrow \varepsilon_B \ (\sigma = 0MPa)$	$T = 260K$
3	温度	$T = 260K \rightarrow T = 400K$	$\varepsilon = \varepsilon_B$
4	温度	$T = 400K \rightarrow T = 260K$	$\varepsilon = \varepsilon_B$
5	温度	$T = 260K \rightarrow T = 400K$	$\varepsilon = \varepsilon_B$
6	温度サイクル	4 $\leftrightarrow$ 5（5 サイクル）	$\varepsilon = \varepsilon_B$
7	ひずみ（応力）	$\varepsilon = \varepsilon_B \rightarrow \varepsilon_{Re} \ (\sigma = 0MPa)$	$T = 400K$

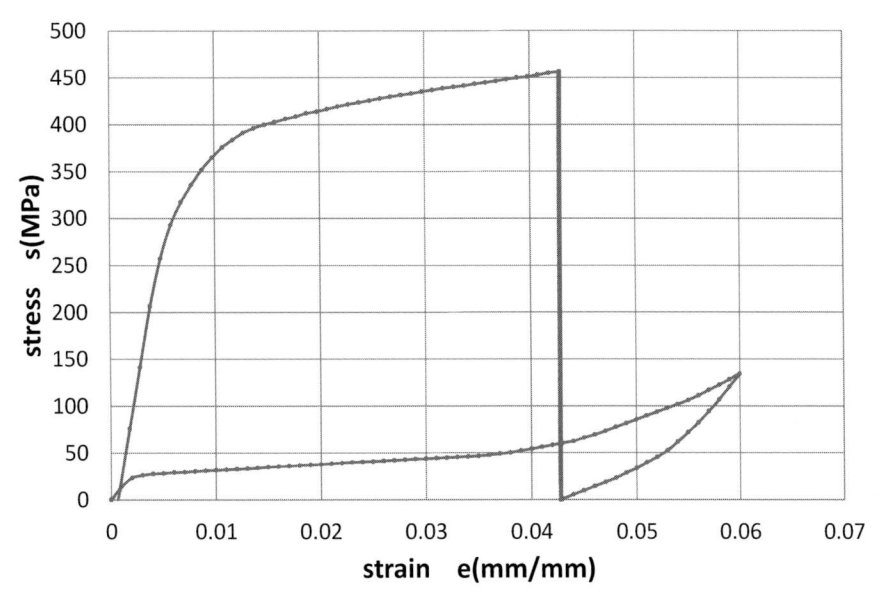

図 4-39　応力−ひずみ関係（負荷パターン：図 4-36（a）、N＝0）

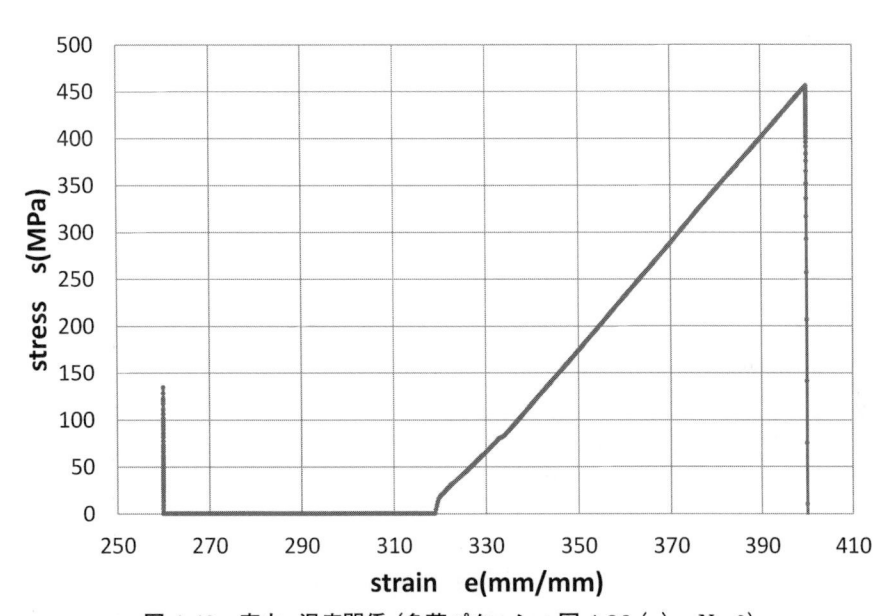

図 4-40　応力−温度関係（負荷パターン：図 4-36（a）、N＝0）

　図 4-39 においては形状記憶合金の次のような挙動が示されている。$T=260K$ においてひずみを負荷すると、ひずみゼロの温度誘起マルテンサイト変態の状態から、負荷の方向にマルテンサイト変態が再配列し応力誘起マルテンサイト変態に変化する。さらにひずみを増大すると、それに伴い応力誘起変態の割合が増加し、応力が増大する。その応力は ε_{max}＝0.06 において最大値 σ_D をとる。その状態からひずみ制御により除荷を行い，応力をゼロ

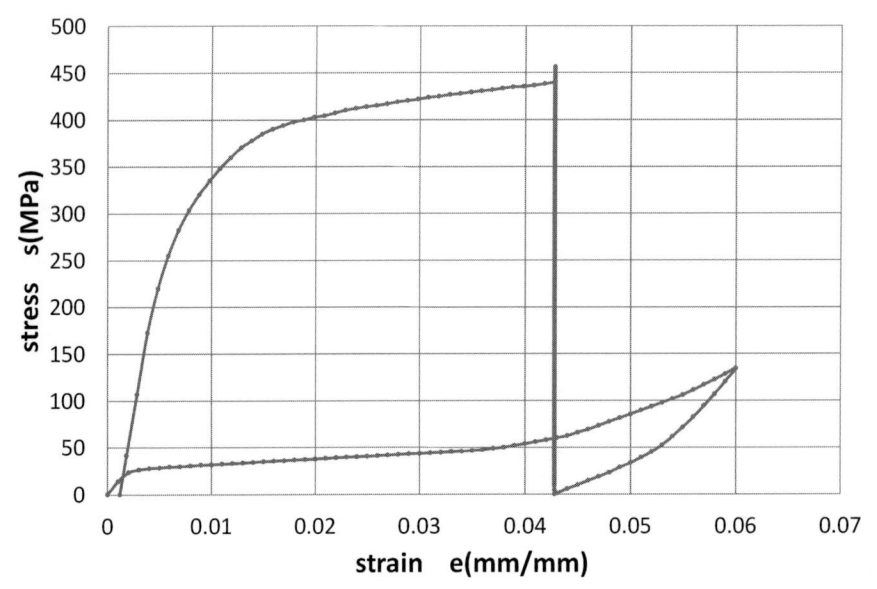

図 4-41 応力-ひずみ関係（負荷パターン：図 4-36 (a)、$N=5$）

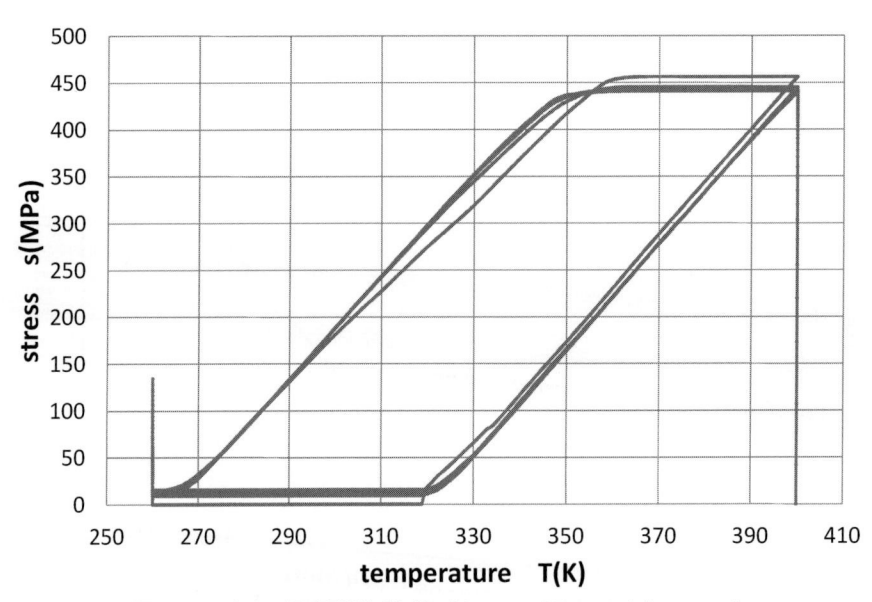

図 4-42 応力-温度関係（負荷パターン：図 4-36 (a)、$N=5$）

とする。そのときのひずみを ε_B とする。ひずみを $\varepsilon=\varepsilon_B$ に保ったまま温度負荷 $T=T_C \to T_H$ を与える。温度が上昇するにつれ、変態限界応力および逆変態限界応力が増大するので、変態面に生じている応力が逆変態限界応力以下になった変態面では逆変態が生じ、変態ひずみが減少する。このとき、全ひずみは拘束されているため、変態ひずみの減少に伴い、これを補償するための弾性ひずみが増加し、したがって応力が増大する。この応力がすべ

り発生限界を超えると塑性ひずみが生じる。今回の計算においては温度上昇過程において $\sigma = 320MPa$ 以上の範囲で塑性変形が生じている。温度 $T_H = 400K$ に達した後温度 $T_H = 400K$ を保ちながら、$\varepsilon = \varepsilon_B \rightarrow \sigma = 0MPa$ の除荷を行う。

それに対して、図 4-41 においては除荷を行う前に $T_C = 260K \leftrightarrow T_H = 400K$ の温度サイクルを 5 回行ったときの変化が付け加えられている。温度 $T_H = 400K$ に達したときのこの過程における最大の応力を σ_R とすると、この温度サイクルにおいて塑性ひずみの累積が生じるため、σ_R の値は繰返しごとに減少するが、その変化率は繰返しごとに減少し飽和傾向にあることが示されている。$N = 5$ の計算結果に対しこれをまとめたものを **表 4-9** に示した。

図 4-40 および図 4-42 は、それぞれ、図 4-39 および図 4-41 の挙動を応力と温度の関係で示したものである。

温度変化を繰返した後、温度 $T_H = 400K$ を保ちながら、$\varepsilon = \varepsilon_B \rightarrow \sigma = 0MPa$ の除荷を行い、負荷過程を終了する。このときの $\sigma = 0MPa$ でのひずみを ε_{Re} とする。$N = 0$ の場合と $N = 5$ の場合の ε_{Re} の値を比較することにより、繰返し塑性変形の ε_{Re} に対する影響をみることができる。結果は以下のとおりである。

$$\varepsilon_{Re} = 6.4 \times 10^{-4} \ (N = 0)$$
$$\varepsilon_{Re} = 1.16 \times 10^{-3} \ (N = 5)$$

繰返し塑性変形により ε_{Re} の値は次第に増加するが、ひずみの進行は比較的小さい。

4.5　おわりに

多結晶形状記憶合金の変態は各結晶粒の変態システムにおいて変態条件が満たされるときに生じる。各結晶粒には 24 通りの変態システムがあり、多結晶材は方位の異なる多数の結晶粒の集合体であるから、対象とする多結晶材料中には膨大な数の変態システムが存在する。材料が負荷を受け変態を生じるときには、変態によって生じる内部応力場を最小にするようにそれぞれの変態システムが活動するプロセスが存在する。このプロセスはアコモデーションと呼ばれているが、本章で紹介するアコモデーションモデルは、このプロセスを記述することを目的として導入された、物理的な構成式モデルである。

表 4-9　σ_R のサイクルごとの変化（負荷サイクル：図 4-35（a））

サイクル N	σ_R (MPa)
0	456
1	445
2	443
3	442
4	441
5	440

本章ではまずアコモデーションモデルの数学的記述を与え、次にそれを用いた解析例を提示し、アコモデーションモデルによって、形状記憶合金の温度誘起変態挙動および応力誘起変態挙動における変態、逆変態、マルテンサイト再配列が記述できることを示した。

次に、結晶のスリップシステムを導入し、スリップシステムにおけるすべりを考慮することにより、アコモデーションモデルが形状記憶合金の塑性変形挙動にも問題なく適用できることを示した。アコモデーションモデルは連続体力学の弾・塑性構成式モデルにおける非線形移動硬化モデルの一種である。ただし、変態と塑性が共存するような場合は、変態システムにおける変態ひずみとスリップシステムにおけるすべりひずみの方位が異なるためそれによる相互作用を考慮することが必要である。

変態と塑性の相互作用（変態・塑性相互作用）は変態ひずみと塑性ひずみの方位の違いによる相互作用だけでなく、変態が生じるときオーステナイト相とマルテンサイトの境界に局所的な応力集中が生じそれによって塑性変形が引き起こされる現象（変態誘起塑性）によるものがある。アコモデーションモデルは結晶粒内の局所応力集中場を考慮するようには構成されていないので、この変態誘起塑性のメカニズムを直接構成式モデルの中に導入することができない。その代わりに、その効果を現象論的に表すようなパラメータを導入している。この結果、いくつかの計算例で示すように、パラメータ値のチューニングを行うことにより変態誘起塑性の効果も表現できることがわかった。

形状記憶合金の変態特性を応用した機器に繰返し負荷を与えるとき、繰返しが進むことにより変態性能の劣化が生じることがある。これはすべりが生じることにより生じた変態・塑性相互作用の影響である。したがって、変態・塑性相互作用の解析は形状記憶合金の実用化に対し重要な意味をもっている。

文献
1) Wang X. M., Xu B. X. and Yue Z. F. : *Int. J. Plast.*, **24**, 1307-1332(2008).
2) 船久保熙康編：形状記憶合金，第3刷，8，産業図書(1986).
3) Yu C., Kang G., Song D. and Kan Q. : *J. Mech. Phys. Solids*, **82**, 97-136(2015).
4) 田中喜久昭，戸伏壽昭，宮崎修一：形状記憶合金の機械的性質，第1版，30，養賢堂(1993).
5) 久田俊明：非線形有限要素法のためのテンソル解析の基礎，24，丸善(1992).
6) 高橋寛：多結晶塑性論，52，コロナ社(1999).
7) 佐久間俊雄，鈴木章彦，竹田悠二，山本隆英：形状記憶合金 産業利用技術，初版第一刷，55，エヌ・ティー・エス(2016).
8) 鈴木章彦，渋谷秀雄，山本隆栄，佐久間俊雄，馬場秀成：形状記憶合金相変態のアコモデーション機構に関する検討，日本材料学会第57期学術講演会講演論文集，205-206(2008).
9) Sakuma T. and Suzuki A. : *Materials Transactions*, **48**(3), 422-427, (A), (2007).
10) 佐久間俊雄，岩田宇一：TiNiCu 形状記憶合金の繰返し変形特性(加熱・冷却温度一定下におけるひずみの挙動)，機械学会論文集 A，63-610，1320-1326(1997).
11) Cho H., Suzuki A., Yamamoto T., Takeda Y. and Sakuma T. : *Material Science Forum*, **687**, 510-518(2011).
12) Cho H., Suzuki A., Yamamoto T. and Sakuma T. : *J. Materials Engineering and Performance*, **21**(12), 2587-2593 (2012).

13) Suzuki A., Yamamoto T., Cho H. and Sakuma T. : *Trans MRS-J*, **38**(1), 1-6(2013).

14) Cho H., Suzuki A. and Sakuma T. : *Trans. MRS-J*, **35**(2), 359-363(2010).

15) 佐久間俊雄，鈴木章彦，竹田悠二，山本隆英：形状記憶合金 産業利用技術，初版第一刷，84，エヌ・ティー・エス(2016).

16) Yamamoto T., Suzuki A., Cho H. and Sakuma T. : *Advances in Science and Technology*, **78**, 46-51(2013).

17) 大南正瑛，塩沢和章：多結晶体の強度と破壊，15，培風館(1976).

18) 高橋寛：多結晶塑性論，22，コロナ社(1999).

19) 植垣行宏，佐久間俊雄，山本隆栄，長弘基，竹田悠二：Ti-Ni-Cu 形状記憶合金の回復ひずみシミュレーションのための構成方程式，M&M2008 材料力学カンファレンス，No.OS1008(2008)

20) Chao Yu, Guozheng Kang and Qianhua Kan : *Mechanics of Materials*, **78**, 1-10(2014).

21) Kang G., Kan Q., Qian L. and Liu Y. : *Mech. Mater.*, **41**, 139-153(2009).

22) Miyazaki S., Imai T., Igo Y. and Otsuka K. : *Metallurgical Transactions A*, 115-120(1986).

23) Chao Yu, Guozheng Kang and Qianhua Kan : *Journal of the Mechanics and Physics of Solids*, **82**, 97-136(2015).

24) 佐久間俊雄，鈴木章彦，竹田悠二，山本隆英：形状記憶合金 産業利用技術，初版第一刷，27-43，エヌ・ティー・エス(2016).

索引

スマートマテリアル産業利用技術

形状記憶材料の変態・塑性挙動のシミュレーション

発行日	2018 年 11 月 15 日　初版第一刷発行
著　者	佐久間 俊雄, 鈴木 章彦, 池田 忠繁, 村澤 剛
発行者	吉田 隆
発行所	株式会社 エヌ・ティー・エス
	〒 102-0091　東京都千代田区北の丸公園 2-1　科学技術館 2 階
	TEL.03-5224-5430　http://www.nts-book.co.jp/
装丁・制作	西山 智佳子
印刷・製本	株式会社 双文社印刷

ISBN978-4-86043-533-2